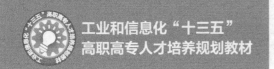

Java Web
开发系统 项目教程

Java Web Development System Project Course

杨文 吴奇英 ◎ 主编
张春波 宋磊 ◎ 副主编

人民邮电出版社

北京

图书在版编目（CIP）数据

Java Web开发系统项目教程 / 杨文，吴奇英主编
. -- 北京：人民邮电出版社，2019.4（2023.12重印）
工业和信息化"十三五"高职高专人才培养规划教材
ISBN 978-7-115-47653-1

Ⅰ．①J… Ⅱ．①杨… ②吴… Ⅲ．①JAVA语言—程序设计—高等职业教育—教材 Ⅳ．①TP312.8

中国版本图书馆CIP数据核字(2018)第001075号

内容提要

本书作为高校的教学改革成果，旨在提升高等职业学校专业办学服务产业发展的能力。本书依据高职高专院校软件技术专业人才培养目标和定位要求，围绕掌握 Java Web 开发的学习宗旨，以开发电子购物系统项目为主线，设计了四个子项目及一个拓展项目，分别为构建电子购物系统的框架、构建电子购物系统的数据库、用 JavaBean 和 Servlet 技术开发电子购物系统、部署 MVC 模式的电子购物系统，以及拓展项目——短消息系统。

本书既适合作为高职高专院校软件技术等计算机专业的教材使用，也适合作为相关程序员和 Web 开发爱好者的参考书。

◆ 主　编　杨　文　吴奇英
　副主编　张春波　宋　磊
　责任编辑　范博涛
　责任印制　马振武

◆ 人民邮电出版社出版发行　北京市丰台区成寿寺路 11 号
　邮编 100164　电子邮件 315@ptpress.com.cn
　网址　https://www.ptpress.com.cn
　涿州市般润文化传播有限公司印刷

◆ 开本：787×1092　1/16
　印张：9.75　　　　　　2019 年 4 月第 1 版
　字数：245 千字　　　　2023 年 12 月河北第 6 次印刷

定价：35.00 元

读者服务热线：(010)81055256　印装质量热线：(010)81055316
反盗版热线：(010)81055315
广告经营许可证：京东市监广登字 20170147 号

前言 FOREWORD

Java Web 开发是高职院校软件技术专业的核心课程。本书以高职院校对软件技术人才的培养目标和定位要求为标准，按照高职院校教学改革和课程改革的要求，以企业需求为基础，明确课程目标，制定课程标准，以能力培养为主线，与企业合作，围绕真实工作任务，共同进行课程的开发和设计。编写本书的目的就是培养学生具备 Java Web 开发的职业能力，在掌握操作技能的基础上，着重培养学生 B/S 结构的开发能力，以胜任 B/S 结构项目的开发工作。

本书的设计理念与思路是按照学生职业能力成长的过程展开的，全书以一个典型的电子购物系统项目为主线进行教学，以行动任务为导向，以任务驱动为手段，注重理论联系实际，在教学中以培养学生的 Java Web 开发能力，以及掌握 B/S 结构开发技术为重点，以培养学生综合分析、解决问题的能力为终极目标。本书按照软件开发方法，让学生在真实的工作项目中得到锻炼，循序渐进地培养学生 JSP 语言编码能力和 Web 应用项目的开发能力，为学生顶岗实习阶段打下良好的基础。

本书共设四个子项目和一个拓展项目，参考教学时数为 90 学时。

本书由哈尔滨职业技术学院杨文、吴奇英任主编，其中，杨文负责确定本书的体例及统稿工作，并负责编写项目一、项目三的内容；吴奇英负责编写项目四的内容；哈尔滨职业技术学院张春波、宋磊任副主编，其中张春波负责编写项目二的内容，宋磊负责编写项目五的内容。

本书由哈尔滨职业技术学院电子与信息工程学院院长徐翠娟任主审，并给编者提出了很多修改建议。同时，也特别感谢哈尔滨职业技术学院教务处处长孙百鸣教授给予本书编写的指导和大力帮助。

由于编写组的业务水平和教学经验之限，书中难免有不妥之处，恳请广大读者指正。

编 者
2018年11月

目录

项目一　构建电子购物系统的框架 1
　　任务一　安装和配置电子购物系统的开发环境 2
　　任务二　实施需求分析和概要设计 20
　　任务三　开发电子购物系统的导航栏 29

项目二　构建电子购物系统的数据库 45
　　任务一　实现数据库的连接 46
　　任务二　实现电子购物系统的商品分类 53
　　任务三　添加电子购物系统的商品信息 57

项目三　用 JavaBean 和 Servlet 技术开发电子购物系统 63
　　任务一　处理电子购物系统的客户端请求 64
　　任务二　实现电子购物系统的购物功能 81
　　任务三　用 JavaBean 完成客户留言功能 98

项目四　部署 MVC 模式的电子购物系统 115
　　任务一　实现基于 MVC 模式的系统 116
　　任务二　部署电子购物系统 123

项目五　短消息系统 138

Chapter 1

项目一
构建电子购物系统的框架

在电子购物系统中,用户可以进行注册、登录、购物、对购买商品留言等操作。这些功能为用户提供便捷的购物服务,使得用户足不出户,就能在网上买到所需物品,给用户带来参与感和归属感。

本项目将构建电子购物系统的框架,主要包括安装和配置开发环境,进行电子购物系统整体功能的需求分析,设计和开发电子购物系统的数据库及导航栏等,讲解环境配置和基本 JSP 技术。

学习目标

- 熟悉典型的 Java Web 开发模式
- 学会 JDK 的安装和配置、Tomcat 的安装和配置、MyEclipse 开发环境的安装和配置等
- 学会创建简单的 Java Web 项目
- 学会开发 MySQL 数据库
- 掌握基本的 JSP 技术

任务一 安装和配置电子购物系统的开发环境

任务描述

安装和配置电子购物系统的开发环境,开发简单 JSP 程序,并测试。该任务的具体要求如下。

- 根据 Web 服务器的版本和 Web 应用项目的需求选择合适的 JDK,下载、安装和配置 JDK。
- 在成功安装 JDK 的基础上,选择与 JDK 版本匹配的 Tomcat 下载、安装并测试。
- 安装和配置 MyEclipse 集成开发环境,使其可以开发 Java Web 应用程序。
- 在配置好的 MyEclipse 环境中,应用 JSP 基础语法编写一个简单的 JSP 程序,内容与普通的 HTML 文件一样,区别在于文件的扩展名为.jsp。

任务解析

完成安装和配置电子购物系统的开发环境需要进行以下四步操作。

(1) JSP 是在进行 Java Web 开发时使用的动态页面编程语言。如果想让您的计算机可以编译并运行 JSP 程序,必须在计算机上安装一个 JDK(Java Development Kit),也叫作 SDK(Software Development Kit)。

(2) 如果在计算机上运行 JSP 程序,仅安装 JDK 还不够,还要安装 JSP 引擎,也叫作 Web 服务器。常见的 Web 服务器有 IIS、Tomcat、Resin、WebLogin 和 Websphere 等。Tomcat 是 Apach 组织的一个产品,Sun 公司对其提供了很好的支持,是目前使用较广的服务器,简单易用,性能可靠,是学习 Java Web 开发的最佳选择。

(3) 目前 JSP 开发的工具主要有 Eclipse 和 MyEclipse 两种。其中 Eclipse 是一个集成开发环境,应用程序开发环境,一般包括代码编辑器、编辑器、调试器和图形用户界面工具,Eclipse 可以独立运行,也允许安装第三方开发的插件来使自身的功能扩展和增强。而 MyEclipse 是企业级工作平台,是有名的插件集之一,利用它我们可以在数据库和 J2EE 的开发、发布及应用程序服务器的整合方面极大地提高工作效率。现采用 MyEclipse8.5 版本开发环境下调试程序。

(4) 为了能够正常编译运行 JSP 程序,需要在 MyEclipse 环境下创建 Web 项目,编写 JSP 文件,最后运行 JSP 程序,查看 JSP 页面效果。

知识引入

1. 静态网页技术

(1) 静态网页。

在网站设计中,纯粹 HTML 格式的网页通常被称为"静态网页",早期的网站一般都是由静态网页制作的。静态网页是相对于动态网页而言的,是指没有后台数据库、不含程序和不可交互的网页。编写什么就显示什么,不会有任何改变。静态网页相对更新起来比较麻烦,适用于一般更新较少的展示型网站。

静态网页的网址形式通常以.htm、.html、.shtml、xml 结尾，制作静态网页主要使用 HTML（超文本标记语言），也可以配合客户端脚本语言 JavaScript、GIF 格式的动画、Flash、滚动字幕来产生丰富的动画效果，从而满足大多数个人网站的需要，但这些"动态效果"只是视觉上的，与下面将要介绍的动态网页是不同的概念。

　　静态网页的特点简要归纳如下。
- 静态网页每个网页都有一个固定的 URL，且网页 URL 以.htm、.html、.shtml 等常见形式为后缀，而不含有"?"。
- 网页内容一经发布到网站服务器上，无论是否有用户访问，每个静态网页的内容都是保存在网站服务器上的，也就是说，静态网页是实实在在保存在服务器上的文件，每个网页都是一个独立的问题。
- 静态网页的内容相对稳定，因此容易被搜索引擎检索。
- 静态网页没有数据库的支持，在网站制作和维护方面工作量较大，因此当网站信息量很大时完全依靠静态网页制作方式比较困难。
- 静态网页的交互性较差，在功能方面有较大的限制。
- 静态网页运行速度快。

（2）动态网页。

　　动态网页，与网页上的各种动画、滚动字幕等视觉上的"动态效果"没有直接关系，动态网页也可以是纯文字内容的，也可以是包含各种动画的内容，这些只是网页具体内容的表现形式，无论网页是否具有动态效果，采用动态网站技术生成的网页都称为动态网页。

　　动态网页是与静态网页相对的，URL 的后缀不是.htm、.html、.shtml、xml 等静态网页的常见形式，而是以.aspx、.asp、.jsp、.php、.perl、.cgi 等形式为后缀的，并且在动态网页网址中有一个标志性的符号"?"。

　　动态网页的特点简要归纳如下。
- 动态网页一般以数据库技术为基础，可以大大降低网站维护的工作量。
- 采用动态网页技术的网站可以实现更多的功能，如用户注册、用户登录、商品管理、在线调查、订单管理等。
- 动态网页实际上并不是独立存在于服务器上的网页文件，只有当用户请求时服务器才返回一个完整的网页。
- 动态网页中的"?"对搜索引擎检索存在一定的问题，搜索引擎一般不可能从一个网站的数据库中访问全部网页，或者出于技术方面的考虑，搜索引擎不会去抓取网址中"?"后面的内容，因此采用动态网页的网站在进行搜索引擎推广时需要做一定的技术处理才能适应搜索引擎的要求。

（3）静态网页和动态网页的区别。

　　程序是否在服务器端运行是重要标志。在服务器端运行的程序、网页、组件，属于动态网页，它们会随不同的环境、不同时间，返回不同的网页，如 ASP、PHP、JSP、ASP.NET、CGI 等。在客户端运行的程序、网页、插件、组件，属于静态网页，例如 HTML 页、Flash、JavaScript、VBScript 等，它们是永远不变的。

　　静态网页和动态网页各有特点，网站采用动态网页还是静态网页主要取决于网站的功能需求和网站内容的多少。如果网站功能比较简单，内容更新量不是很大，采用纯静态网页的方式会更简单，反之一般要采用动态网页技术来实现。

静态网页是网站建设的基础，静态网页和动态网页之间也并不矛盾，为了网站适应搜索引擎检索的需要，即使采用动态网页技术，也可以将网页内容转化为静态网页发布。

动态网站也可以采用静动结合的原则，适合采用动态网页的地方用动态网页，如果有必要使用静态网页，则可以考虑用静态网页的方法来实现，在同一个网站上，动态网页和静态网页内容同时存在也是很常见的事情。

2. 动态网页技术

目前主流的动态网页技术有 ASP、PHP、ASP.NET、JSP 等。

（1）ASP。

ASP 是 Active Server Page 的缩写，即"动态服务器页面"。ASP 是微软公司开发的代替 CGI 脚本程序的一种应用，它可以与数据库和其他程序进行交互，是一种简单、方便的编程工具。ASP 采用脚本语言 VBScript 作为自己的开发语言，网页文件的格式是.asp，现在常用于各种动态网站中。

ASP 的主要特点如下。

- 利用 ASP 可以实现突破静态网页的一些功能限制，实现动态网页技术。
- ASP 文件是包含在 HTML 代码所组成的文件中的，易于修改和测试。
- 服务器上的 ASP 解释程序会在服务器端执行 ASP 程序，并将结果以 HTML 格式传送到客户端浏览器上，因此使用各种浏览器都可以正常浏览 ASP 所产生的网页。
- ASP 提供了一些内置对象，使用这些对象可以使服务器端脚本功能更强。例如，可以从 Web 浏览器中获取用户通过 HTML 表单提交的信息，并在脚本中对这些信息进行处理，然后向 Web 浏览器发送信息。
- ASP 可以使用服务器端 ActiveX 组件来执行各种各样的任务，例如存取数据库、发送 E-mail 或访问文件系统等。
- 由于服务器是将 ASP 程序执行的结果以 HTML 格式传回客户端浏览器的，因此使用者不会看到 ASP 所编写的原始程序代码，可防止 ASP 程序代码被窃取。

由于 ASP 是微软开发的动态网页语言，只能运行于微软公司的操作系统平台，其主要工作环境是微软公司的 IIS（Internet Information Services，因特网信息服务）应用程序结构，ASP 技术不易于实现在跨平台 Web 服务器上工作。

（2）PHP。

PHP 是 Hypertext Preprocessor 的缩写，即"超级文本预处理器"，是广泛应用的开放源代码的多用途脚本语言，其语法借鉴了 C、Java、Perl 等语言，但只需很少的编程知识就能够用 PHP 建立一个交互式 Web 站点。

PHP 的主要特点如下。

- 免费、开源、跨平台。由于 PHP 是运行在服务器端的脚本，可以运行在 UNIX、Linux 和 Windows 平台上。
- PHP 与 HTML 语言具有很好的兼容性，相对于其他语言，编辑简单，实用性强，更适合初学者。
- PHP 提供了标准的数据库接口，数据库连接方便，与 MySQL 是绝佳的组合。
- PHP 提供了类和对象，可以进行面向对象编程。

（3）ASP.NET。

ASP.NET 的前身是 ASP 技术，是在 IIS2.0 上首次推出的，当时与 ADO1.0 一起推出，在 IIS3.0 上发扬光大，成为服务器端应用程序的热门开发工具。

ASP.NET 不仅仅是 ASP 3 的一个简单升级，它更为我们提供了一个全新而强大的服务器控件结构。从外观上看，ASP.NET 和 ASP 是相近的，但是从本质上是完全不同的。ASP.NET 几乎全是基于组件和模块化的，每一个页、对象和 HTML 元素都是一个运行的组件对象。在开发语言上，ASP.NET 抛弃了 VBScript 和 JavaScript，而使用.NET Framework 所支持的 VB.NET 和 C#.NET 等语言作为其开发语言，这些语言生成的网页在后台被转换成了类并编译成了一个 DLL。由于 ASP.NET 是编译执行的，所以它比 ASP 拥有了更高的效率。

（4）JSP。

JSP 是 Java Server Page 的缩写，即"Java 服务器页面"。JSP 是 SUN 公司于 1999 年 6 月推出的新一代动态网站开发语言，是基于 Java Servlet 及整个 Java 体系的 Web 开发技术。它和 ASP 非常相似，但嵌入 HTML 页面的执行代码不是 VBScript 之类的脚本，而是 Java 代码。JSP 可以在 Servlet 和 JavaBean 的支持下，完成功能强大的动态网站程序的开发。

JSP 的主要特点如下。

- JSP 将业务逻辑和页面的表示逻辑分离。在 JSP 中，使用 HTML 或 XML 标签来设计和格式化 Web 页面，使用 JSP 标签或脚本来生成页面内的动态内容，页面内容可以根据请求变化相应内容，如当前的时间。生成动态内容的这部分逻辑是使用标签、JavaBean 组件及脚本来实现的，都是在服务器端执行的，这样，逻辑封装在标签和 beans 中，其他人，比如页面设计人员，就能够编辑和处理 JSP，而不影响内容的生成。这样就实现了页面的表示与业务逻辑的分离。
- JSP 技术是基于 Java 的，因此它独立于平台。它为 Web 应用提供了基于组件的、与平台无关的技术。这种广泛的、多平台的支持，允许 Web 开发人员编写一次 JSP。
- 强调可重用的组件。大多数 JSP 使用 JavaBean、EJB 或标签库来执行应用所需的处理。这些组件和标签库是可重用的，可以共享给其他开发人员。基于组件的方法加快了整体开发的速度。
- 自定义标记简化页面开发。Web 页面开发人员对脚本语言不可能完全熟悉。对于通过开发而定制的标记库，JSP 技术是可以扩展的。第三方开发人员和其他人员可以为常用功能建立自己的标记库，这使得 Web 页面开发人员能够使用熟悉的工具和像标记那样执行特定功能的构件来工作。

3. 安装和配置环境

步骤一：下载和安装软件

（1）下载、安装 JDK。

在 Sun 公司的 Java 语言官方网站上下载最新版的 JDK 软件（jdk-1_6_0_25-windows-i586-p.exe），下载地址：http：//java.sun.com/。安装结束后，在计算机上看到一个目录，如图 1-1 所示。

图 1-1 JDK 安装目录

还有一个 JRE 目录,内容如图 1-2 所示。

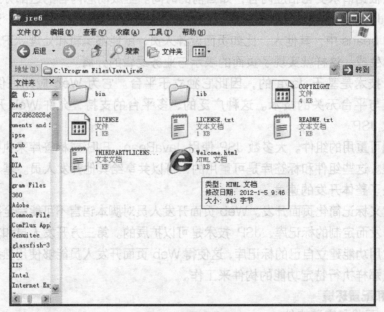

图 1-2 JRE 安装目录

在命令行运行方式下输入:java version,用来了解本计算机安装的 JDK 版本。显示结果如图 1-3 所示。

(2)配置 JDK。

安装完 JDK 后,需要设置 3 个系统环境变量,具体如下所示。

- JAVA_HOME:Java JDK 的路径。

项目一 构建电子购物系统的框架 7

- Path：Java JDK 开发工具的路径。
- CLASSPATH：Java 程序所需的*.class 路径（类路径）。

图 1-3 显示 JDK 版本

进入"控制面板"，双击"系统"，弹出"系统属性"对话框。在"我的电脑"中单击鼠标右键，选择"属性"，也可以打开"系统属性"对话框，如图 1-4 所示。

选择"高级"选项卡，单击"环境变量"按钮，在打开的对话框中即可设置环境变量。我们需要设置的是"系统变量"，如图 1-5 所示。

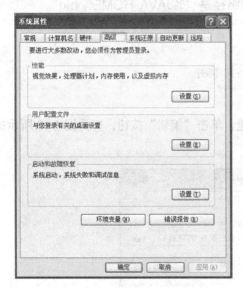

图 1-4 "系统属性"对话框

图 1-5 "环境变量"对话框

- 设置 JAVA_HOME 环境变量

通常没有这个变量，可以单击"新建"按钮，打开图 1-6 所示的对话框。

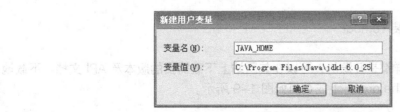

图 1-6 新建 JAVA_HOME

在"变量名"处填入"JAVA_HOME",在"变量值"处填入 JDK 的安装路径,例如"C：\Program\Files\Java\jdk1.6.0_25"。

● 设置 Path 环境变量

通常已有这个变量,如果没有这个变量则新建,单击"编辑"按钮,打开图 1-7 所示的对话框。

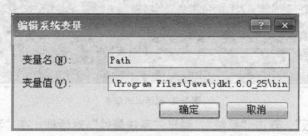

图 1-7 编辑 Path

在"变量值"处输入 Java 开发工具的所在路径,即"bin"文件夹所在的路径。可以填写绝对路径,例如"C：\Program Flies\Java\jdk1.6.0_25\bin"。或者填入相对路径,由于前面已经定义了 JAVA_HOME 这个变量,所以相对路径是"%JAVA_HOME%\bin"。

"变量值"区域还有一些其他路径,每个路径之间用";"隔开。

● 设置 CLASSPATH 环境变量

通常已有这个变量,如果没有这个变量则新建,单击"编辑"按钮,打开图 1-8 所示的对话框。

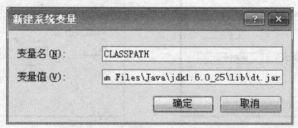

图 1-8 新建 CLASSPATH

在"变量值"处输入在编译程序时所需要的一些外部的*.class 文件所在路径,例如可以填入:"C:\Program Files\Java\jdk1.5.0_04\lib\tools.jar;C:\Program Files\Java\kdk1.5.0_04\lib\dt.jar"。

步骤二：下载和安装 Tomcat

(1) 下载 Tomcat。

Tomcat 与 JDK 一样都是开源的,可以在其网站上下载需要的版本及 API 文档。下载地址为 http://tomcat.apache.org/,下载页面如图 1-9 所示。

图 1-9 Tomcat 下载页面

选择左侧的 Download 下的版本，进入下载页面下载。如果选择下载 Zip 包，不需要安装，解压缩即可使用。

（2）安装和配置 Tomcat。

下面以安装 Tomcat 6.0 为例，详述安装过程。apache-tomcat-6.0.29.exe 安装包下载以后，双击进行安装，步骤如下。

- 双击 apache-tomcat-6.0.29.exe 文件，显示图 1-10 所示的对话框，单击 "Next" 按钮继续安装。

图 1-10 欢迎对话框

- 打开协议许可对话框，如图 1-11 所示，单击"I Agree"按钮继续安装。

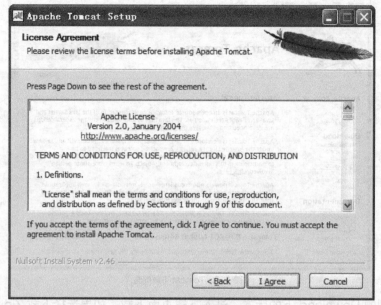

图 1-11 协议许可对话框

- 打开选择组件对话框，如图 1-12 所示，采用默认设置，单击"Next"按钮继续安装。

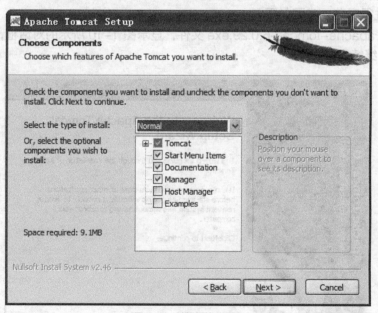

图 1-12 选择组件对话框

- 打开设置安装位置对话框，如图 1-13 所示，可以单击"Browse"按钮选择其他路径，也可采用默认路径。单击"Install"按钮继续安装。

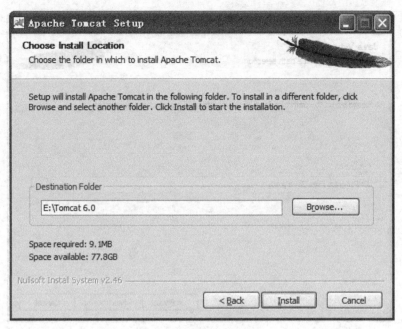

图 1-13　设置安装位置对话框

- 打开配置对话框，如图 1-14 所示，设置服务器端口号、用户名和密码，单击"Next"按钮继续安装。

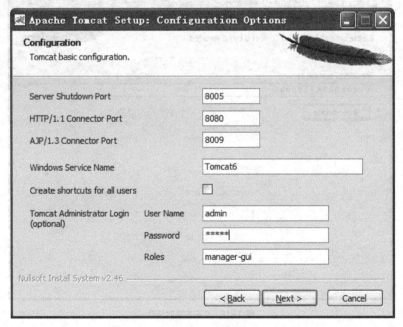

图 1-14　配置对话框

- 打开 Java 虚拟机选择对话框，如图 1-15 所示，将本机的 Java 虚拟机路径设置好，单击"Next"按钮继续安装。

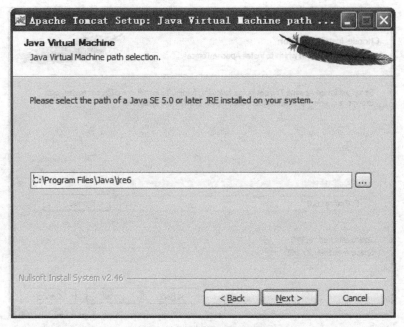

图 1-15 Java 虚拟机选择对话框

- 打开正在安装对话框,如图 1-16 所示,安装完成后,显示图 1-17 所示的对话框。

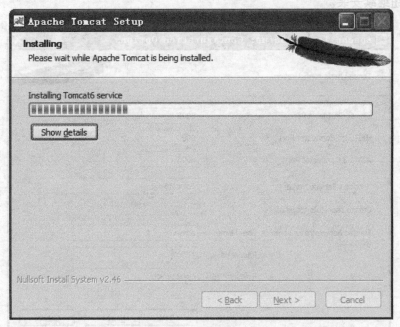

图 1-16 正在安装对话框

(3)运行 Tomcat。

Tomcat 安装完成后,在任务栏将会显示一个未启动的 Tomcat 图标,由于没有启动服务,所以显示为一个红点。

图 1-17 安装完成对话框

在红点图标上单击鼠标右键，弹出 1-18 所示的菜单，选择"Start service"即可启动 Tomcat 服务器，启动完成后，红点图标变成绿色三角形。在启动状态下，选择图 1-18 所示菜单中的"Stop service"选项即可停止 Tomcat 服务器，选择菜单中的"Configure"选项可以进入服务器配置界面，如图 1-19 所示，再次进行服务器的各项配置。

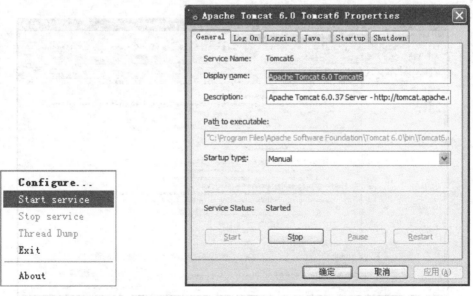

图 1-18 Tomcat 操作菜单　　　　　图 1-19 Tomcat 服务器配置对话框

（4）测试 Tomcat。

安装完成 Tomcat 服务器后，自动启动服务器，在本机浏览器地址栏中输入"http：//127.0.0.1:8080"如果出现图 1-20 所示的界面，说明 Tomcat 服务器安装配置成功。

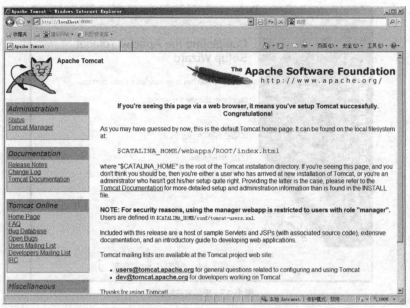

图 1-20 Tomcat 安装成功的主页面

步骤三：安装和配置 MyEclipse 环境

（1）安装 MyEclipse。

单击安装文件，完成安装后，单击"Finish"按钮，进入 MyEclipse 运行环境，如图 1-21 所示。

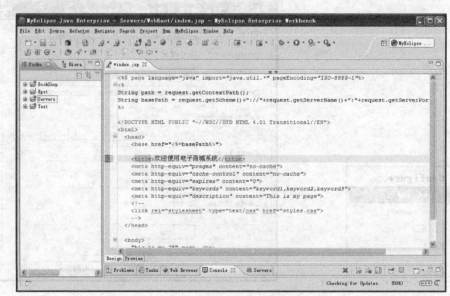

图 1-21 MyEclipse 运行环境

（2）配置 MyEclipse。

配置 MyEclipse 主要是指 Web 服务器。在 MyEclipse 运行环境中，选择"Windows"→"Preferences"菜单项，在"MyEclipse"→"Servers"中选择"Tomcat"，再选择 Tomcat6.x，

弹出图 1-22 所示的界面，选中"Enable"，允许使用 Tomcat server，单击"Browse..."按钮，设置 Tomcat home directory 路径，单击"Apply"按钮使设置生效。接着再选择"Tomcat6.x"中的"JDK"，单击"Add"按钮，添加一个 JRE HOME，保存配置，如图 1-23 和图 1-24 所示。

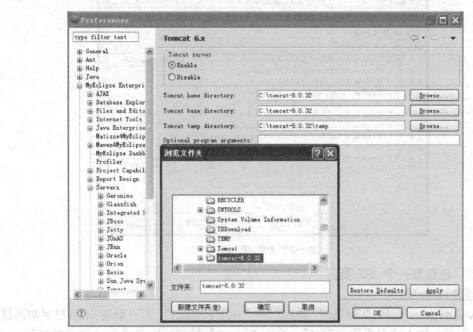

图 1-22 设置 Tomcat home directory 路径

图 1-23 设置 Tomcat JDK name

图 1-24 配置 JRE home

步骤四：创建第一个 JSP 页面

（1）创建 Web 项目。

启动 MyEclipse，选择"File"→"New"→"Web Project"，打开新建 Web 项目对话框，如图 1-25 所示，输入项目名称"Test"，单击"Finish"按钮，即完成 Test 项目的创建。

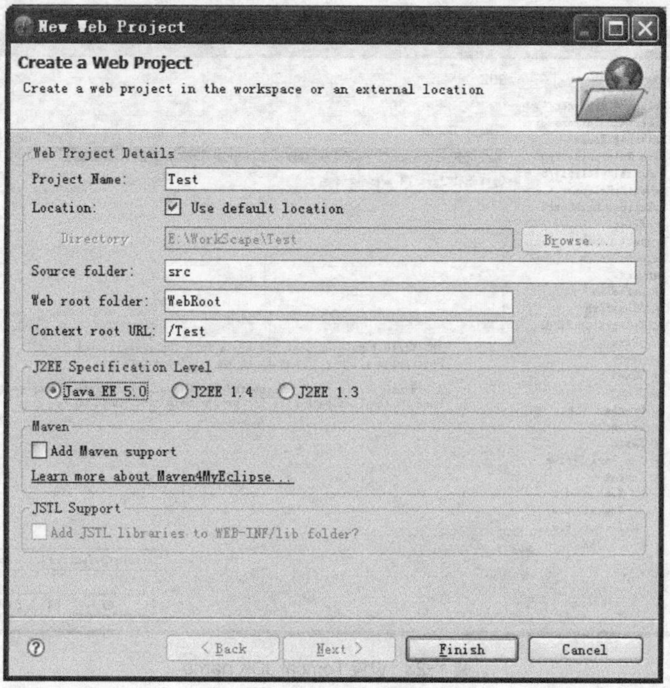

图 1-25 新建 Web 项目对话框

（2）设计 Web 项目的目录结构。

一个 Web 项目的标准目录结构如图 1-26 所示。

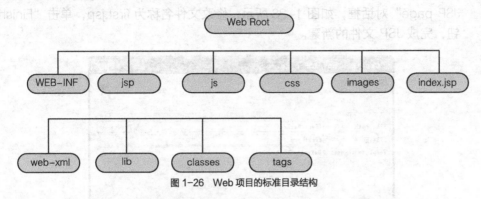

图 1-26 Web 项目的标准目录结构

图 1-26 中各个目录的具体作用如表 1-1 所示。

表 1-1 Web 项目中各个目录的作用

序号	目录或文件名称	作用
1	Web Root	Web 的根目录，一般虚拟目录直接指向该文件夹，该文件夹下必然直接包含 WEB-INF
2	WEB-INF	Web 目录中最安全的文件夹，保存各种类、第三方 jar 包、配置文件
3	web.xml	Web 的部署描述符
4	classes	保存所有的 JavaBean，如果不存在，可以手工创建
5	lib	保存所有的第三方 jar 文件
6	tags	保存所有的标签文件
7	JSP	存放*.jsp 文件，一般根据功能在建立子文件夹
8	js	存放所有需要*.js 文件
9	css	样式表文件的保存路径
10	images	存放所有的图片，如*.gif 或*.jpg
11	index.jsp	网站主页，能够被网站自动加载

在 MyEclipse 下新建一个 Web 项目时，默认的目录结构如图 1-27 所示，src 目录用来存放 Java 源文件。在实际开发过程中，我们可以根据项目的具体情况，参照 Web 项目的标准目录结构，在 src 和 WebRoot 目录下手工创建新的目录，存放不同资源，设计出符合实际需求的目录结构。

图 1-27 MyEclipse 下 Web 项目的默认目录结构

（3）创建 JSP 页面。
- 依次选择"File"→"New"→"JSP（Advanced Templates）"，打开"Greate a new JSP page"对话框，如图 1-28 所示，修改文件名称为 first.jsp，单击"Finish"按钮，完成 JSP 文件的新建。

图 1-28 设置新 JSP 文件名称

- 打开 first.jsp 页面，如图 1-29 所示，在<body>标签把原有内容删去，写入"My first Java Web Project!!!"，保存文件。

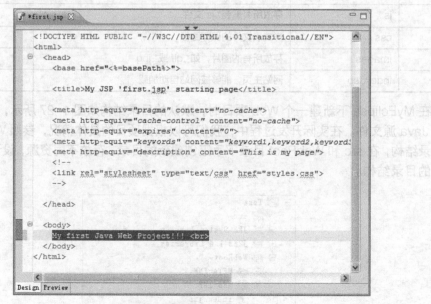

图 1-29 编辑 JSP 文件

（4）部署、运行。
- 在服务器管理器中，右击包含 Test 项目的服务器，选择"Start"菜单项，启动该服务器，如图 1-30 所示。

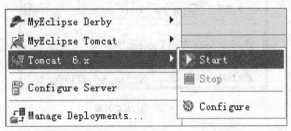

图 1-30　在 MyEclipse 中启动 Tomcat 服务器

- 鼠标右击"Test"项目，选择"在服务器上运行"，打开在服务器上运行对话框，如图 1-31 所示。

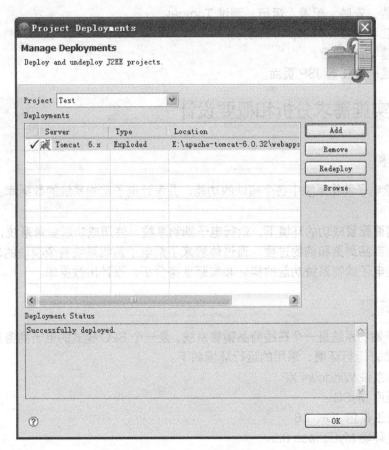

图 1-31　在服务器上运行项目对话框

- 打开浏览器，在地址栏中输入 http：//localhost：8080/Test/first.jsp，显示图 1-32 所示的界面表示运行成功。

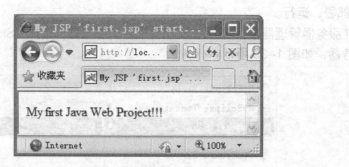

图 1-32 运行成功界面

任务实施

（1）下载、安装、配置 JDK。
（2）下载、安装、配置、运行、测试 Tomcat。
（3）安装和配置 MyEclipse 环境。
（4）创建 Web 项目。
（5）创建一个任意 JSP 页面。

任务二　实施需求分析和概要设计

任务描述

用户体验电子购物系统中各个模块的功能，并设计电子购物系统的数据库。该任务的具体要求如下。
- 在前面配置成功的环境下，运行电子购物系统，注册成功后登录系统，完成一个完整的商品浏览和购物过程，通过体验来了解电子购物系统各个模块的功能。
- 根据电子购物系统功能的描述和实际业务分析，设计出数据库。

任务解析

（1）电子购物系统是一个在线商品销售系统，是一个 B2C 模式的电子商务系统。运行本系统先要准备好运行环境，采用的运行环境如下。
- 操作系统 Windows XP
- 数据库 MySQL
- 开发工具包 JDK 1.6
- 开发环境 MyEcilpse 8.5
- Web 服务器 Tomcat 6.0
- 浏览器 Internet Explorer 7.0
- 最佳显示效果分辨率 1024×768

配置好运行环境后，附加好数据库，把完整的"Shop"文件夹复制到 Tomcat 服务器的

"webapps"目录下即可。

（2）关系数据库是以关系模型为基础的数据库，它利用关系描述现实世界。一个关系既可用来描述一个实体及其属性，也可用来描述实体间的一种联系。经过分析，本系统数据库包含会员表（Customer 表）、会员级别表（CustomerType 表）、商品信息表（Goods 表）、订单信息表（Order 表）、购物车记录表（ShoppingCart 表）、商品类别表（Goods_Type 表）、留言反馈表（LeaveWord 表）、系统用户表（SysUser 表）等数据库表。

知识引入

1. 体验电子购物系统模块功能

（1）在本地数据库新建名为"shop"的数据库，将数据库备份到本地数据库中。
（2）修改运行文件"\ShopStory\WEB—INF\classes\db\db.properties"
（3）将运行文件下的"Shop"文件夹放入 Tomcat 的"webspps"。
（4）启动 Tomcat，在浏览器中输入"http//服务器 IP：8080/Shop"就可以进入系统首页了，如图 1-33 所示。该系统可以实现会员注册、浏览商品、查看商品信息、选购商品、取消订单、查看订单、顾客留言等功能。

图 1-33　电子购物系统首页

（5）会员注册模块。
　　通过首页提供的注册链接，用户可以注册为电子购物系统会员，用户注册时需要填写必要资料和可选资料，只有成功注册的用户登录后才可以购物，非注册用户只能浏览商品资料，不能购买。会员注册页面如图 1-34 所示。

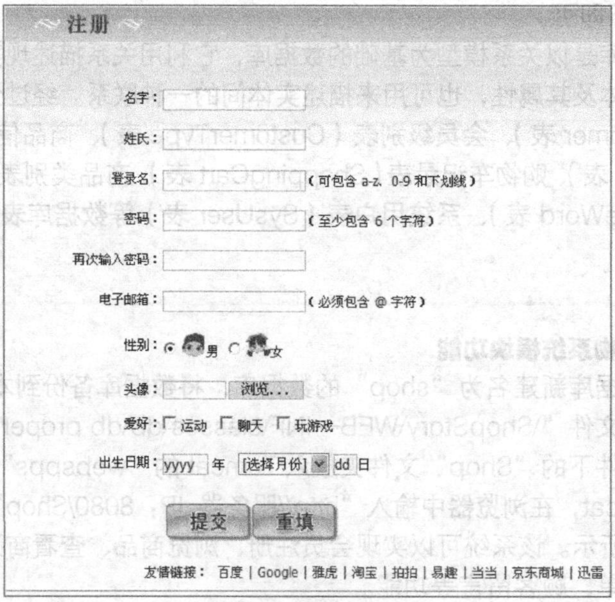

图 1-34 会员注册页面

(6) 会员登录模块。

注册会员通过首页提供的登录入口可以登录到电子购物系统。快速注册用户名和密码可以登录本网站进行购物。会员登录时的界面如图 1-35 所示，登录后的显示信息如图 1-36 所示。

图 1-35 会员登录时的界面 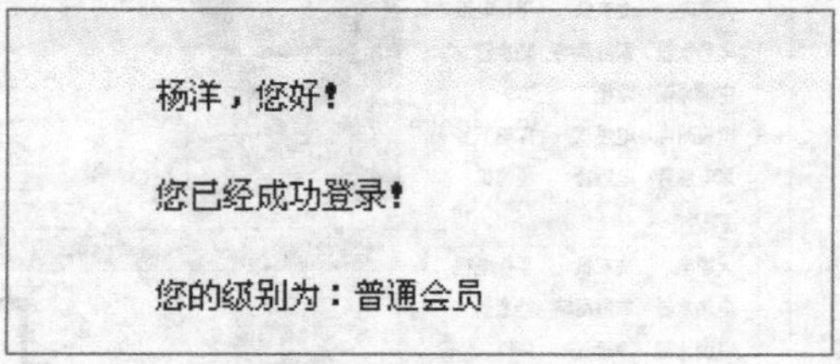　　　　　　　　　图 1-36 会员登录后的界面

(7) 商品展示模块。

- 特价区

进入电子购物系统后，在网站首页的上半部分会显示出特价的 3 种商品信息，可以通过单击"更多"超级链接查看更多的特价商品信息，如图 1-37 所示。

图 1-37 特价区

● 新品上市

进入电子购物系统后,在网站首页的下半部分会显示出最新入库的 3 种商品信息,如图 1-38 所示。

图 1-38 新品上市

(8)商品详情模块。

用户在浏览商品信息时可以单击"查看详情"按钮,查看商品大图、商品价格、商品简介等详细信息,如图 1-39 所示。

图 1-39 商品详细信息

(9)购物车模块。

注册用户在浏览商品信息时可以单击"购买"按钮,购买指定的商品,即将商品放入购物车中。对于购物车中的商品,用户可以确认购买,可以退还商品(通过单击"删除"按钮完成),也可以增减所购商品的数量,如图 1-40 所示。

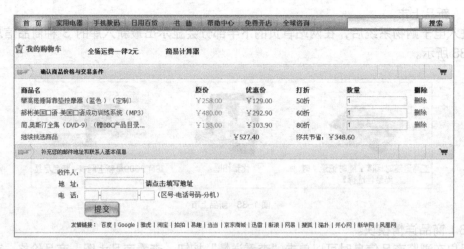

图 1-40　用户的购物车

（10）顾客留言模块。

注册用户和非注册用户可以查看对网站服务质量和特定商品的评论，注册用户也可以对商品发表反馈和建议，如图 1-41 所示。

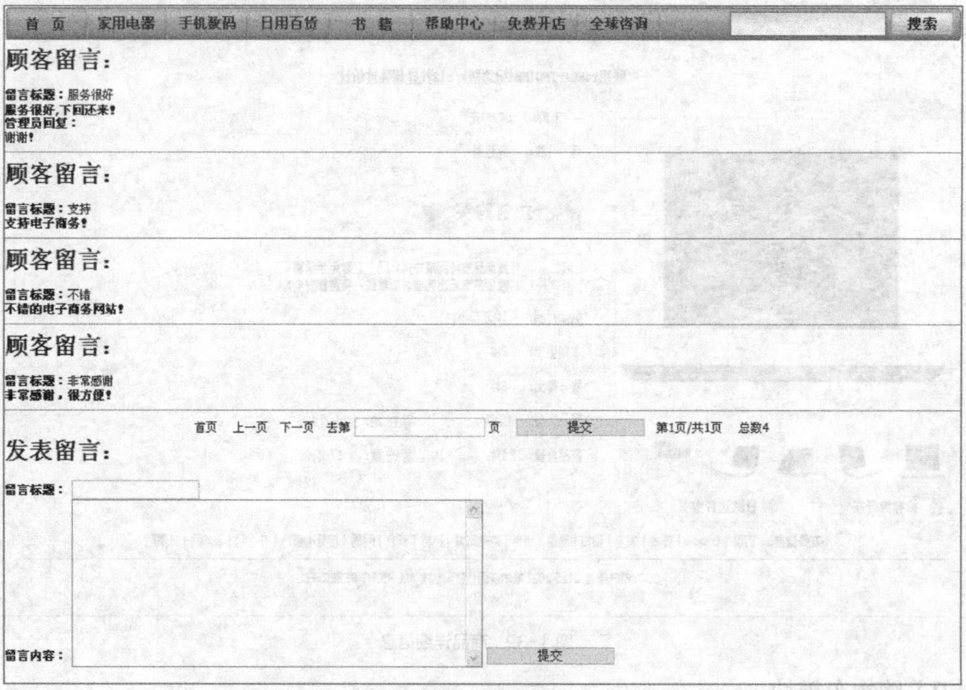

图 1-41　顾客留言板

2. 设计电子购物系统的数据库

根据电子购物系统功能分析，电子购物系统的数据库需要设计的表如下所示。

- 会员表（Customer 表）

会员表主要用来保存系统会员信息，Customer 表的结构如表 1-2 所示。

表 1-2　Customer 表的结构

表　名	t_customer		描　述		会员表	
字段名	描　述	数据类型	可否空	主键	外键	备注
Id	标识号	bigInt	N	Y		
member_name	会员姓名	Varchar(20)	N			
login_name	登录名	Varchar(30)	N			
sex	性别	Varchar(2)	N			
password	登录密码	Varchar(20)	N			
Tel	电话	Varchar(20)				
mail	邮箱	Varchar(30)				
postCode	邮编	Varchar(8)				
create_date	创建日期	datetime	N			
last_login_date	最后登录日期	datetime	N			
level	会员级别	bigInt			Y	
state	状态	int	N			0：冻结 1：生效

- 会员级别表（CustomerType 表）

会员级别表主要用来保存会员的级别信息，CustomerType 表的结构如表 1-3 所示。

表 1-3　CustomerType 表的结构

表　名	t_customerType		描　述		会员级别	
字段名	描　述	数据类型	可否空	主键	外键	备注
id	标识号	bigInt	N	Y		
level_name	级别名称	Varchar(20)	N			
state	状态	int	N			0：删除 1：可用

- 商品信息表（Goods 表）

商品信息表主要用来保存商品信息，Goods 表的结构如表 1-4 所示。

表 1-4　Goods 表的结构

表　名	t_goods		描　述		商品名称	
字段名	描　述	数据类型	可否空	主键	外键	备注
id	标识号	bigInt	N	Y		
shop_name	商品名称	Varchar(20)	N			
freight	运费	double	N			0 为免运费
amount	商品数量	int				
address	所在地	Varchar(20)				
browse_amount	浏览量	int				

续表

表 名	t_goods		描 述		商品名称	
字段名	描 述	数据类型	可否空	主键	外键	备注
sale_amount	累计售出数量	int				
goods_type	商品分类	bigInt			Y	
price	商品价格	double				

- 订单信息表（Order 表）

订单信息表主要用来保存会员订单的概要信息，Order 表的结构如表 1-5 所示。

表 1-5 Order 表的结构

表 名	t_order		描 述		订单表	
字段名	描 述	数据类型	可否空	主键	外键	备注
id	标识号	bigInt	N	Y		
goods_id	商品编号	bigInt	N			
member_id	会员编号	bigInt				

- 购物车记录表（ShoppingCart 表）

购物车记录表主要用来保存会员的购物车概要信息，ShoppingCart 表的结构如表 1-6 所示。

表 1-6 ShoppingCart 表的结构

表 名	t_shoppingCart		描 述		订单表	
字段名	描 述	数据类型	可否空	主键	外键	备注
id	标识号	bigInt	N	Y		
goods_id	商品编号	bigInt	N			
user_name	数量	int	N			
money	金额	double				

- 商品类别表（Goods_Type 表）

商品类别表主要用来保存商品的种类信息，Goods_Type 表的结构如表 1-7 所示。

表 1-7 Goods_Type 表的结构

表 名	t_goods_type		描 述		商品分类表	
字段名	描 述	数据类型	可否空	主键	外键	备注
id	标识号	bigInt	N	Y		
type_name	分类名称	Varchar(50)	N			
parent_id	父分类 id	bigInt	N			

- 留言反馈表（LeaveWord 表）

留言反馈表主要用来保存系统会员的留言、反馈信息以及系统管理人员对留言、反馈的回复信息，LeaveWord 表的结构如表 1-8 所示。

表 1-8　LeaveWord 表的结构

表　名	t__LeaveWord		描　述		订单表	
字段名	描　述	数据类型	可否空	主键	外键	备注
id	标识号	bigInt	N	Y		
goods_id	会员编号	bigInt	N			
user_id	系统管理员编号	bigInt	N			
title	留言标题	double				
content	留言内容	Varchar(255)				
create_date	留言日期	datetime				
reply_content	回复内容					
reply_date	回复日期	datetime				

- 系统用户表（SysUser 表）

系统用户表主要保存系统的管理人员信息（主要包括管理员、商品管理员、会员管理员、订单管理员），SysUser 表的结构如表 1-9 所示。

表 1-9　SysUser 表的结构

表　名	t_sysUser		描　述		用 户 表	
字段名	描　述	数据类型	可否空	主键	外键	备注
id	标识号	bigInt	N	Y		
Login_name	登录名	Varchar(50)	N			
user_name	姓名	Varchar(50)	N			
age	年龄	int				
password	密码	Varchar(50)				
tel	电话	Varchar(20)				

任务实施

（1）在 MySQL 中建立 shop 数据库，建立会员表（Customer 表）、会员级别表（CustomerType 表）、商品信息表（Goods 表）、订单信息表（Order 表）、购物车记录表（ShoppingCart 表）、商品类别表（Goods_Type 表）、留言反馈表（LeaveWord 表）、系统用户表（SysUser 表）。

（2）启动 MySQL，进入到 Navicat Premium，打开链接，并新建数据库 shop，右键单击 shop 数据库，选择"运行 SQL 文件"，如图 1-42 所示。

（3）打开"运行 SQL 文件"对话框，在文件框后选择添加的 SQL 文件，单击"开始"按钮，如图 1-43 所示。

（4）创建数据源，在"开始"→"程序"→"管理工具"下面选择数据源，打开"ODBC 数据源管理器"对话框，如图 1-44 所示。

（5）选择"系统 DSN"选项卡，单击"添加"按钮，出现"创建新数据源"对话框，如图 1-45 所示。

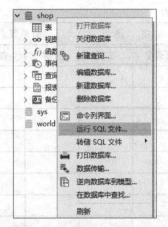
图 1-42 选择"运行 SQL 文件"选项

图 1-43 打开"运行 SQL 文件"对话框

图 1-44 "ODBC 数据源管理器"对话框

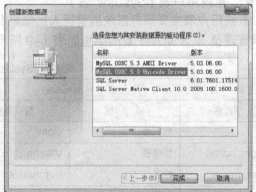
图 1-45 "创建新数据源"对话框

（6）选择"MySQL ODBC 5.3 Unicode Driver"，单击"完成"按钮，出现图 1-46 所示的对话框，输入数据源和服务器名称。

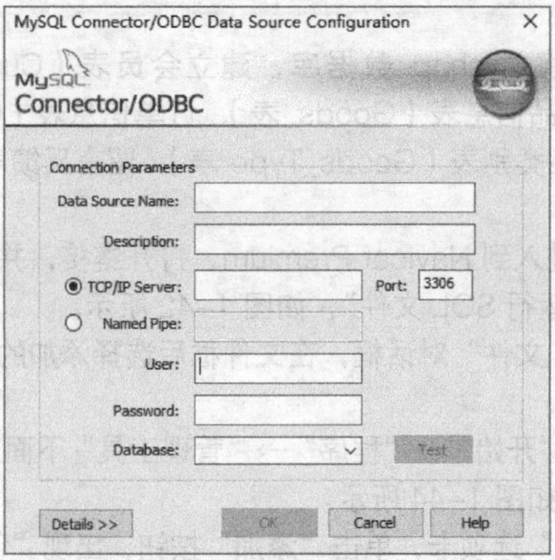

图 1-46 创建数据源

(7)输入数据库的连接名称和服务的 IP 地址,并且输入 MySQL 用户名和密码,选择数据库,如图 1-47 所示。

(8)单击"Test",弹出图 1-48 所示的连接成功的英文,测试成功后,单击"确定"按钮,数据源名称出现在"系统 DSN"选项卡中。至此,数据源配置成功。

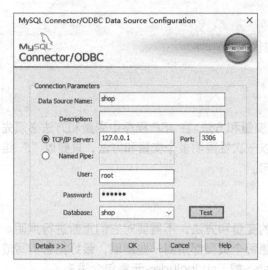
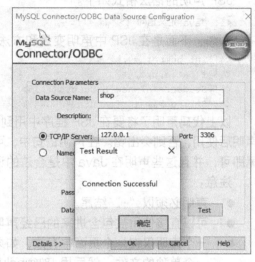

图 1-47 选择数据库　　　　　　　　　　　图 1-48 连接成功

任务三　开发电子购物系统的导航栏

任务描述

在电子购物系统中,用户可以通过导航栏访问系统的各个模块。该任务的具体要求如下。
- 开发电子购物系统导航栏的 JSP 页面。
- 利用开发出的电子购物系统导航栏,创建电子购物系统每个页面是相同的导航栏。

任务解析

系统设置导航栏是为了提高页面浏览的便利度,顶部水平导航栏是当前最流行的网站导航设计模式之一,它通常放在网站所有页面的直接上方或直接下方。现可以利用 JSP 页面元素开发系统的导航栏,利用 JSP 页面元素设置网站各页面重复的导航栏,利用 JSP 页面元素设置页面的转向。

知识引入

JSP 是 Java Server Page 的缩写,是由 Sun Microsystems 公司倡导的,许多公司参与建立的一种动态网页技术标准。在传统的网页 HTML 文件中加入 Java 程序片段(Scriptlet)和 JSP 标记(tag),就构成了 JSP 网页(*.jsp)。Web 服务器在遇到访问 JSP 网页请求时,首先执行其中的程序片段,然后将执行结果以 HTML 格式返回给客户。程序片段可以操作数据库、重新定向网页及发送 E-mail 等,这就是建立动态网站所需要的功能。所有程序操作都在服务器端执行,网络上传送给客户端的仅仅是结果,对客户浏览器的要求很低。

1. 使用声明

JSP 声明是一段 Java 源代码,用来定义类的属性和方法,声明后的属性和方法可以在该 JSP 文件的任何地方使用。

JSP 声明的语法格式如下。

```
<%! Java 定义语句 %>
```

例如,下面是在 JSP 中声明变量和方法的代码。

```
<%! int number =0;%>
<%! float a,b,c,%>
<%! Students s1=new Students( );%>
<%! String Name( ){return "SNOW"}%>
```

以上代码声明了将要在 JSP 程序中用到的变量和方法。在 JSP 程序中变量和方法必须先声明后使用,否则会出错。在声明语句中,可以一次性声明多个变量和方法,只要以";"结尾即可,并且这些声明在 Java 中是合法的语句。

注意:
- 声明必须以";"结尾。
- 可以直接使用被包含进来的已经声明的变量和方法,不需要对它们重新进行声明。
- 一个声明仅在一个页面中有效,如果想每个页面都用到一些声明,最好把它们写成一个单独的文件,然后用<%@include%>或<jsp:include>元素包含进来。

2. 使用表达式

JSP 表达式在 JSP 请求处理阶段进行运算,所得的结果转换成字符串并与模板数据组合在一起。表达式在页面的位置就是该表达式计算结果显示的位置。

JSP 表达式的语法格式如下。

```
<%=Java 表达式/变量%>
```

例如,下面是在 JSP 中使用表达式的代码。

```
<%=str%>
<%="a"+"b"%>
<%=30*20%>
```

上面这些表达式相当于下面 3 行 Java 源代码语句。

```
Out.println(str);
Out.println("a"+"b");
Out.println(30*20);
```

表达式元素表示的是一个在脚本语言中被定义的表达式,在运行后被自动转换为字符串,然后插入到这个表达式在 JSP 文件中的位置显示,因为这个表达式的值已经被转化为字符串,所以能在一行文本中插入这个表达式。

说明:
- 不能用分号";"来作为表达式的结束符。
- 表达式必须是一个合法的 Java 表达式。
- 表达式必须有返回值,且返回值被转换为字符串。
- 表达式也可以作为其他 JSP 元素的属性值,一个表达式可能由一个或多个表达式组成,这些表达式的计算顺序是从左到右。

3. 使用脚本程序

JSP 脚本程序是在 JSP 页面中使用 "<%" 与 "%>" 标记起来的一段 java 代码，在脚本程序中可以定义变量、调用方法和进行各种表达式运算，且每行语句后面要加入分号，在脚本程序中定义的变量在当前的整个页面内部有效，但不会被其他的线程共享，当前用户对该变量的操作不会影响到其他的用户，当变量所在的页面关闭后就会被销毁。

JSP 脚本的语法格式如下。

```
<%java 代码%>
```

例如，下面是在 JSP 中的脚本程序代码。

```
<%n++;%>
<% Student s=new Student();
s.show();%>
```

脚本程序的使用比较灵活，实现的功能是 JSP 表达式无法实现的。一个脚本程序能够包含多个 JSP 语句、方法、变量以及表达式，可以完成如下功能。

- 声明将要用到的变量或方法。
- 编写 JSP 表达式。
- 使用任何隐含的对象和任何用<jsp:useBean>声明过的对象。
- 编写 JSP 语句。
- 任何文本、HTML 标记和 JSP 元素必须在脚本程序之外。
- 当 JSP 接收到客户的请求时，脚本程序就会被执行，如果脚本中有要显示的内容，这些要显示的内容就被保存到 out 对象中。

4. 使用加载指令

加载指令（include）用于在 JSP 页面中静态包含一个文件，该文件可以是 JSP 页面、HTML 页面、文本文件或一段 java 代码。在主页面转换为 Servlet 前将 JSP 代码插入，被包含的页面发生改变的时候，主页面也会更新。

加载指令（include）的语法格式如下。

```
<%@ include file="文件名"%>
```

其中，file 属性用来设置要嵌入到当前 JSP 文件中的 URL 地址。

例如，%@include file ="head.JSP" %该语句表示要把 head.jsp 页面嵌入到当前页面中。

说明：

- 在被包含的文件中不要使用和主页重复的 HTML 标签，这样会影响 JSP 文件中同样的标签，导致错误。
- 因为原文件和被包含文件可以互相访问彼此定义的变量和方法，所以要避免变量和方法在命名上同名的问题。

5. 使用页面指令

页面指令 page，作用于整个 JSP 页面，定义了许多与页面相关的属性，这些属性将被用于和 JSP 容器通信，描述了和页面相关的指示信息，在一个 JSP 页面中，page 指令可以出现多次，但是该指令中的属性只能出现一次，重复的属性设置将会覆盖前面的属性设置。

页面指令（page）的语法格式如下。

```
<%@ page attr1="value" attr2="value2"…%>
```

page 指令有 13 个属性，如表 1-10 所示。

表 1-10 page 指令的属性

序号	属性	描述
1	Language="scriptingLanguage"	用于指定在脚本元素中使用的脚本语言，默认为java，在 JSP 规范中，只能是 java
2	Import="importList"	用于导入脚本环境中可以使用的包或类，默认情况下，如果未指定包，则导入 java.lang*,javax.servlet*包，属性值是以逗号分隔的导入列表
3	contentType="mimecodeinfo"	用于设置发送到客户端文档的响应报头的 MIME 类型和字符编码
4	pageEncoding="codeinfo"	用于指定 JSP 页面的字符编码。如果没有设置该属性，JSP 页面使用 contentType 属性指定的字符编码。如果两个属性都没设，则 JSP 页面使用 "ISO-8859-1" 字符编码
5	Session="true|false"	用于指定在 JSP 页面中是否可以使用 Session 对象。默认是 true，如果存在已有回话，则预定义 session 变量，绑定到已有回话中，否则创建新回话将其绑定到 session。设置为 false 并不是禁用回话追踪，它只是阻止 JSP 页面为不拥有回话的用户创建新回话
6	Buffer="none|sizekb"	用于指定 out 对象（JspWrite）使用的缓冲区大小，以 KB 为单位，默认为 8KB。None 表示不使用缓冲区。所有输出直接通过 Servlet Response 的 PrintWrite 对象输出
7	autoFlush="true|false"	用于控制当缓冲区满之后，是自动清理输出缓冲区（默认 true），还是在缓冲区溢出后抛出异常（false）。当 buffer=none 时，autoFalse=false 是错误的
8	Info="info_text"	用于指定页面的相关信息，该信息可以通过调用 servlet 中的 getServletInfo 方法获取
9	erroPage="error_url"	用来指定一个 JSP 页面，由该页面来处理当前页面中抛出但没有捕获的任何异常。指定的页面可以通过 exception 变量访问异常信息。如果一个页面通过该属性定义了专有的错误页面，那么在 web.xml 文件中定义任何错误页面都不会被使用
10	isErrorPage="true|false"	表示当前页是否可以作为其他 JSP 页面的错误页面，选项为 true 或 false
11	inThreadSafe="true|false"	控制由 JSP 页面生成的 Servlet 是否允许并发访问（默认 true 允许）
12	extends="info_text"	用于指定 JSP 页面转换后的 Servlet 类从哪个类继承，属性的值是完整的限定类名，通常不需要使用这个属性，JSP 容器会提供转换后的 Servlet 类的父类
13	isELIgnored=" info_text"	用于指定在 JSP 页面是否执行或忽略 EL 表达式。true 表示忽略，false 表示执行 默认值依赖于 web.xml 版本。Servlet2.3 之前默认 true，Serlvet2.4 默认 false

6．使用 include 动作标签

include 动作标签用来在 JSP 页面中动态包含一个文件，这样包含页面程序与被包含页面的程序是彼此独立的，互不影响。被包含的页面可以是一个动态文件（JSP 文件），也可以是一个静态文件（文本文件）。如果包含的是一个静态文件，就直接输出给客户，由客户端的浏览器负责显示；如果包含的是一个动态文件，则由 Web 服务器负责，把执行后的结果返回给客户端显示出来。

include 动作标签的语法格式如下：

```
<jsp:include page="{relativeURL<%=expression%>}" flush="true"/>
```
或者
```
    <jsp:include page="{relativeURL<%=expression%>}" flush="true">
    <jsp:param name="paramname1"> value="paremeterValue1"/>
……
    <jsp:parem name="paramnameN" value="parameterValueN"/>
    </jsp:include>
```
其中，page 属性用来设置动态包含文件 URL 地址或者代表文件 URL 地址的表单式。flush 属性的值默认是 false，必须设为 true，不能使用 false。

<jsp:param>子句可以传递一个或多个参数给动态文件，并且在一个页面中使用多个<jsp:param> 子句传递多个参数。

例如，下面是 include 动作标签的常用方法。
```
<jsp:include page="logo.html"/>
<jsp:include page="/index.jsp"/>
<jsp:include page="jsp/count.jsp"/>
<jsp:include page="logo.htm"/>
<jsp:param name="username"  value="yhxzxb"/>
<jsp:include>
```
说明：
- 如果不需要传递参数，include 动作标签的两种语法格式是一样的，如果需要传递参数，则必须使用第二种。
- include 动作标签和 include 指令不同，前者是动态包含，如果被包含的页面是动态文件，将会把执行后的结果返回给客户端；后者是静态包含，包含文件与被包含文件组合形成一个文件，再由 Web 服务器执行。

7. 使用 forword 动作标签

forward 动作标签用来重定向网页，即从当前网页的 forward 动作标签转向执行另一个网页程序。

forward 动作标签的语法格式如下。
```
<jsp: foword page="{relativeURL|<%=expression%>}"/>
```
或者
```
    <jsp:param name="{relativeURL|<%=expression%>}"/>
    <jsp:param name="paamname1" value="parameterValue1"/>
……
    <jsp:param name="paramnameN" value="parameterValueN"/>
</jsp: forward>
```
其中，page 属性用来设置要转向的文件 URL 地址或者代表文件 URL 地址的表单式。

<jsp:param>子句可以传递一个或多个参数给动态文件，并且在一个页面中使用多个<jsp:param>子句传递多个参数。

例如，下面是 forward 动作标签的常用方法。
```
<jsp: forward page="logo.html"/>
<jsp: forward page="/index.jsp"/>
<jsp: forward page="jsp/count.jsp"/>
<jsp: forward page="logo.html"/>
<jsp:param name="username"  value="yhxzxb"/>
<jsp:forward>
```

8. 给程序添加注释

在 JSP 语法规范中，可以使用两种格式的注释：一种是 HTML 注释，另一种是隐藏注释。两种在语法规则和产生的结果上略有不同。

（1）HTML 注释。

HTML 注释是能在客户端源文件中显示的一种注释，注释内的所有 JSP 脚本元素、指令和动作正常执行，也就是说编译器会扫描注释内的代码行。

HTML 注释的语法格式如下：

```
<!--comment [<%=expression %>] -->
```

如果在 JSP 文件中包含如下代码：

```
<!- -this file displays the user's information -- >
```

则在客户端（浏览器）的 HTML 源代码中产生和上面一样的数据。

如果在 JSP 文件中包含如下代码：

```
<!—this page was loaded on<%=(new java.util.Data()).toString()%> - ->
```

则在客户端（浏览器）的 HTML 代码源中显示为：

```
<!—this page was loaded on 2011-07-01 14:38:26  - - >
```

可以在 HTML 注释中使用任何有效的 JSP 表达式。表达式是动态的，当用户第一次调用页面或该页面后来被重新调用时，该表达式将被赋值。JSP 引擎对 HTML 注释中的表达式执行完后，其执行的结果将直接插入到表达式显示的地方。然后该结果和 HTML 注释中的其他内容被一起输出到客户端。

说明：

- JSP 中的 HTML 注释与 HTML 脚本中的注释格式完全一致，但是输出的内容有所不同。JSP 的 HTML 注释除了可以输出静态注释内容外，还可以输出表达式的结果。
- 通过 IE 浏览器"查看"菜单中的"源文件"可以查看 HTML 注释信息。

（2）隐藏注释。

隐藏注释在 JSP 编译时被忽略掉，注释内的所有 JSP 脚本元素、指令和动作都将不起作用。JSP 编译器是不会对注释符之间的语句进行编译的，它不会显示在客户端（浏览器）。

隐藏注释的语法格式如下。

```
<% --comment --%>
```

如果在 JSP 文件中包含如下代码：

```
<%-- 在页面源代码中，这个注释是看不见的 --%>
```

则在客户端（浏览器）的 HTML 源代码中查看不到上面的数据。

JSP 引擎对隐藏注释不作任何处理。隐藏注释既不发送到客户端（浏览器），也不在客户端（浏览器）的 JSP 页面中心，在客户端（浏览器）查看源文件时也是看不到的。因此，如果想在 JSP 页面源程序中写文档说明时，隐藏注释是很有用的。

任务实施

步骤一：使用声明

（1）新建项目为 navbar01，在 WebRoot 文件夹下，新建文件夹 CSS 和 IMG。

（2）在 CSS 文件夹中导入 bootstrap.css 文件，IMG 文件夹导入图片。

（3）新建 header.jsp 文件，代码如下：

```jsp
<%@ page language="java" pageEncoding="utf-8"%>
<!DOCTYPE html PUBLIC "-//W3C//DTD HTML 4.01 Transitional//EN" "http://www.w3.org/TR/html4/loose.dtd">
<html>
<head>
<title>header</title>
<link rel="stylesheet" type="text/css" href="css/bootstrap.css">
</head>
<body>
    <%!String[] navbarheader = { "购物车", "帮助中心", "加入收藏", "设为首页", "登录", "注册" };%>
    <div class="container">
        <div class="offset5">
            <ul class="nav nav-pills clearfix">
                <li><a href="buy.htm" target="_parent"><i
                        class="icon-shopping-cart"></i>购物车</a></li>
                <li><a href="help.htm" target="_parent"><i
                        class="icon-thumbs-up"></i>帮助中心</a></li>
                <li><a href="JavaScript:void(0);" onclick="addFav();"><i
                        class="icon-folder-open"></i>加入收藏</a></li>
                <li><a href="JavaScript:void(0);" onclick="setHome(this);"><i
                        class="icon-star"></i>设为首页</a></li>
                <li><a href="login.htm" target="_parent">登录</a></li>
                <li><a href="register.htm" target="_parent">注册</a></li>
            </ul>
        </div>
        <!--menu end-->
    </div>
</body>
</html>
```

使用声明创建导航栏的效果如图 1-49 所示。

图 1-49　使用声明创建导航栏

步骤二：使用表达式

（1）新建项目为 navbar02。

（2）将步骤一的项目复制到 navbar02 文件夹下。

（3）将 header.jsp 文件的代码更改如下：

```jsp
<%@ page language="java" pageEncoding="utf-8"%>
<!DOCTYPE html PUBLIC "-//W3C//DTD HTML 4.01 Transitional//EN" "http://www.w3.org/
```

```
TR/html4/loose.dtd">
<html>
<head>
<title>header</title>
<link rel="stylesheet" type="text/css" href="css/bootstrap.css">
</head>
<body>
    <%!String[] navbarheader = { "购物车", "帮助中心", "加入收藏", "设为首页", "登录", "注册" };%>
    <div class="container">
        <div class="offset5">
            <ul class="nav nav-pills clearfix">
                <li><a href="buy.htm" target="_parent"><i class="icon-shopping-cart"></i><%=navbarheader[0]%></a></li>
                <li><a href="help.htm" target="_parent"><i class="icon-thumbs-up"></i><%=navbarheader[1]%></a></li>
                <li><a href="JavaScript:void(0);" onclick="addFav();"><i class="icon-folder-open"></i><%=navbarheader[2]%></a></li>
                <li><a href="JavaScript:void(0);" onclick="setHome(this);"><i class="icon-star"></i><%=navbarheader[3]%></a></li>
                <li><a href="login.htm" target="_parent"><%=navbarheader[4]%></a></li>
                <li><a href="register.htm" target="_parent"><%=navbarheader[5]%></a></li>
            </ul>
        </div>
        <!--menu end-->
    </div>
</body>
</html>
```

使用表达式创建导航栏的效果如图 1-50 所示。

图 1-50 用表达式创建导航栏

步骤三：使用脚本程序

（1）新建项目为 navbar03。

（2）将步骤二的项目复制到 navbar03 文件夹下。

（3）将 header.jsp 文件的代码更改如下：

```
<%@ page language="java" pageEncoding="utf-8"%>
<!DOCTYPE html PUBLIC "-//W3C//DTD HTML 4.01 Transitional//EN" "http://www.w3.org/TR/html4/loose.dtd">
<html>
<head>
```

```html
<title>header</title>
<link rel="stylesheet" type="text/css" href="css/bootstrap.css">
<script type="text/JavaScript">
    var strHome = 'http://www.hzjxy.net';
    function addFav() {
        switch (getNav()) {
        case 1:
            window.external.addFavorite(strHome, '电子购物商城');
            break;
        case 2:
            window.sidebar.addPanel('电子购物商城',strHome, '');
            break;
        case 0:
            alert("加入收藏失败");
            break;
        }
        function getNav() {
            if (navigator.userAgent.indexOf("MSIE") != -1)
                return 1;
            if (navigator.userAgent.indexOf("Firefox") != -1)
                return 2;
            return 0;
        }
    }
    function setHome(oThis) {
        oThis.style.behavior = 'url(#default#homepage)';
        oThis.setHomePage(strHome);
        return false;
    }
    function showTime() {
        var obj = document.getElementById("shownowTime");
        var now = new Date();
        obj.innerHTML = (now.getYear() - 100) + "年" + (now.getMonth() + 1)
                + "月" + now.getDate() + "日" + now.getHours() + "点"
                + now.getMinutes() + "分" + now.getSeconds() + "秒";
    }
</script>
</head>
<body>
    <%!String[] navbarheader = {"购物车", "帮助中心", "加入收藏", "设为首页", "登录", "注册"};%>
    <div class="container">
        <div class="offset5">
            <ul class="nav nav-pills clearfix">
                <li><a href="buy.htm" target="_parent"><i class="icon-shopping-cart"></i><%=navbarheader[0]%></a></li>
                <li><a href="help.htm" target="_parent"><i class="icon-thumbs-up"></i><%=navbarheader[1]%></a></li>
                <li><a href="JavaScript:void(0);" onclick="addFav();"><i class="icon-folder-open"></i><%=navbarheader[2]%></a></li>
                <li><a href="JavaScript:void(0);"
```

```
                onclick="setHome(this);"><i                  class="icon-
    star"></i><%=navbarheader[3]%></a></li>
                    <li><a href="login.htm" target="_parent"><%=navbarheader[4]%></a>
</li>
                    <li><a href="register.htm" target="_parent"><%=navbarheader[5]%>
</a></li>
                </ul>
            </div>
            <!--menu end-->
        </div>
        <div class="container">
            <p class="span4 offset7 text-success">
                <strong>
                    <%
                        out.println("欢迎来到电子购物商城");
                    %>
                </strong> <small id="shownowTime">
</small>
            </p>
            <script type="text/javascript">
                setInterval(showTime, 1000);
            </script>
        </div>
    </body>
</html>
```

使用脚本程序创建导航栏的效果如图 1-51 所示。

图 1-51 使用脚本程序创建导航栏

步骤四：使用加载指令

（1）新建项目为 navbar04。

（2）将步骤三的项目复制到 navbar04 文件夹下。

（3）在 WebRoot 文件夹下新建 nav.jsp 文件，代码如下：

```
<%@ page language="java" pageEncoding="utf-8"%>
<div class="container">

    <div class="navbar">
        <div class="navbar-inner">
            <div class="container">
                <a class="brand" href="index.htm" target="_parent">首页</a>
                <ul class="nav">
                    <li><a href="catlist.htm" target="_parent">家用电器</a></li>
                    <li><a href="catlist.htm" target="_parent">手机数码</a></li>
```

```
                    <li><a href="catlist.htm" target="_parent">日用百货</a></li>
                    <li><a href="catlist.htm" target="_parent">书籍</a></li>
                    <li><a href="help.htm" target="_parent">帮助中心</a></li>
                    <li><a href="help.htm" target="_parent">免费开店</a></li>
                    <li><a href="help.htm" target="_parent">全球资讯</a></li>
                </ul>
                <div class="nav-collapse collapse">
                    <!-- .nav, .navbar-search, .navbar-form, etc -->
                    <form class="navbar-form pull-right">
                        <input type="text" class="span2" placeholder="Search"> <input
                            type="submit" class="btn" value="搜索">
                    </form>
                </div>
            </div>
        </div>
    </div>
</div>
```

（4）为了把 nav.jsp 文件引入导航栏中，在 header.jsp 中使用加载指令，代码如下：

`<%@ include file="nav.jsp"%>`

使用加载指令引用导航栏的效果如图 1-52 所示。

图 1-52 使用加载指令引用导航栏

步骤五：使用页面指令

（1）新建项目为 navbar05。

（2）将步骤四的项目复制到 navbar05 文件夹下。

（3）修改 header.jsp 文件的代码如下：

将 `<%@ page language="java" pageEncoding="utf-8"%>` 修改为 `<%@ page language="java" pageEncoding="gbk"%>`。

注：此方式是修改页面的编码，当编码方式需要调整时可以采用此方式。

使用页面指令修改导航栏的效果如图 1-53 所示。

图 1-53 使用页面指令修改导航栏

步骤六：使用 include 动作标签
（1）新建项目为 navbar06。
（2）将步骤五的项目复制到 navbar06 文件夹下。
（3）新建 headerli.jsp 文件，代码如下。

```jsp
<%@ page language="java" pageEncoding="gbk"%>
<%!String[] navbarheader = { "购物车","帮助中心","加入收藏","设为首页","登录","注册" };%>
<div class="container">
    <div class="offset5">
        <ul class="nav nav-pills clearfix">
            <li><a href="buy.htm" target="_parent"><i
                    class="icon-shopping-cart"></i><%=navbarheader[0]%></a></li>
            <li><a href="help.htm" target="_parent"><i
                    class="icon-thumbs-up"></i><%=navbarheader[1]%></a></li>
            <li><a href="JavaScript:void(0);" onclick="addFav();"><i
                    class="icon-folder-open"></i><%=navbarheader[2]%></a></li>
            <li><a href="JavaScript:void(0);" onclick="setHome(this);"><i
                    class="icon-star"></i><%=navbarheader[3]%></a></li>
            <li><a href="login.htm" target="_parent"><%=navbarheader[4]%></a></li>
            <li><a href="register.htm" target="_parent"><%=navbarheader[5]%></a></li>
        </ul>
    </div>
    <!--menu end-->
</div>
```

（4）在步骤五的基础上修改 header.jsp 文件，在 header.jsp 中加入 include 动作标签，可以简化页面代码复杂度。

```jsp
<%@ page language="java" pageEncoding="gbk"%>
<!DOCTYPE html PUBLIC "-//W3C//DTD HTML 4.01 Transitional//EN"
"http://www.w3.org/TR/html4/loose.dtd">
<html>
<head>
<title>header</title>
<link rel="stylesheet" type="text/css" href="css/bootstrap.css">
<link rel="stylesheet" type="text/css" href="css/nav.css">
<script type="text/JavaScript">
    var strHome = 'http://www.hzjxy.net';
    function addFav() {
        switch (getNav()) {
        case 1:
            window.external.addFavorite(strHome, '电子购物商城');
            break;
        case 2:
            window.sidebar.addPanel('电子购物商城', strHome, '');
            break;
        case 0:
            alert("加入收藏失败");
            break;
        }
    }
    function getNav() {
        if (navigator.userAgent.indexOf("MSIE") != -1)
```

```
                return 1;
            if (navigator.userAgent.indexOf("Firefox") != -1)
                return 2;
            return 0;
        }
        function setHome(oThis) {
            oThis.style.behavior = 'url(#default#homepage)';
            oThis.setHomePage(strHome);
            return false;
        }
        function showTime() {
            var obj = document.getElementById("shownowTime");
            var now = new Date();
            obj.innerHTML = (now.getYear() - 100) + "年" + (now.getMonth() + 1)
                + "月" + now.getDate() + "日" + now.getHours() + "点"
                + now.getMinutes() + "分" + now.getSeconds() + "秒";
        }
</script>
</head>
<body>
    <jsp:include page="headerli.jsp"></jsp:include>
    <div class="container">
        <p class="span4 offset7 text-success">
            <strong> <%
    out.println("欢迎来到电子购物商城");
 %>
            </strong> <small id="shownowTime"> </small>
        </p>
        <script type="text/javascript">
            setInterval(showTime, 1000);
        </script>
    </div>
    <%@ include file="nav.jsp"%>
</body>
</html>
```

使用 include 动作标签简化导航栏的效果如图 1-54 所示。

图 1-54 使用 include 动作标签简化导航栏

步骤七：使用 forword 动作标签
（1）新建项目为 navbar07。
（2）将步骤六的项目复制到 navbar07 文件夹下。

（3）在 WebRoot 下新建 index.jsp，在 index.jsp 文件里面添加 forword 动作标签。index.jsp 代码如下：

```
<%@ page language="java" pageEncoding="utf-8"%>
<jsp:forward page="header.jsp"></jsp:forward>
```

步骤八：给程序添加注释

（1）新建项目为 navbar08。

（2）将步骤七的项目复制到 navbar08 文件夹下。

（3）在 header.jsp 文件里面添加注释（添加注释有助于更好地理解程序）。关键代码如下：

```
<!-- this file displays the user's information<%=(new Date()).toString()%> -->
<%-- 在页面源代码中，这个注释是看不见的 --%>
```

添加注释的代码如图 1-55 所示。

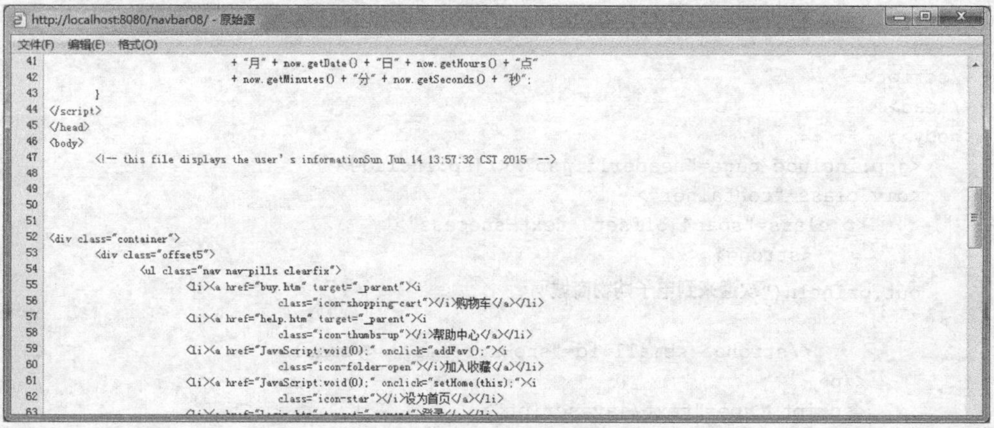

图 1-55　添加注释代码图

项目总结

本项目讲解了 Java Web 项目开发环境的搭建方法，包括 JSP 技术、Web 服务器、Java Web 开发模式及 JDK 的安装和配置、Tomcat 的安装和配置、MyEclipse 开发环境的安装和配置。主要内容如下：

JSP 技术是用 Java 开发服务器端应用的主要技术，是开发商务应用表示端的标准。

Java Web 项目开发环境比较复杂，对于初学者来说，只要掌握基本的简单开发环境搭建即可，如安装和配置 JDK、安装和配置 Tomcat、安装和配置 MyEclipse 等开发环境。

项目拓展训练

1. JSP 技术拓展

JSP 技术是 J2EE 的一个关键技术，它在更高一级的层次上抽象 Servlet。它可以让常规静态 HTML 与动态产生的内容相结合，看起来像一个 HTML 网页，却作为 Servlet 来运行。JSP 技术是用 Java 开发服务器端应用的主要技术，是开发商务应用表示端的标准。Java 开发者喜欢使用它有多种原因，其一是 Java 语言容易学习；其二是实现了"一次编写，多处实现"。更重要的是，如果遵循一些良好的设计原则的话，就可以把表示和内容相分离，创造出高质量的、可以复用的、易于维护和修改的应用程序。

2. JSP 工作原理

JSP 文件看起来就像一个普通静态 HTML 文件，只不过里面包含了一些 Java 代码。它使用 jsp 的后缀，用来告诉服务器这个文件需要特殊处理。当我们访问一个 JSP 页面的时候，这个文件首先会被 JSP 引擎翻译为一个 Java 源文件，其实就是一个 Servlet，并进行编译，然后像其他 Servlet 一样，由 Servlet 引擎来处理。Servlet 引擎装载这个类，处理来自客户的请求，并把结果返回给客户，如图 1-56 所示。

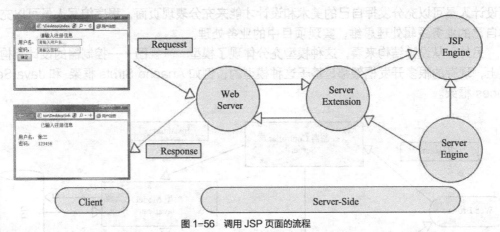

图 1-56 调用 JSP 页面的流程

JSP 引擎直接调用已经装载的 Servlet。如果已经做过修改的话，那么会再次执行以上过程，翻译、编译并装载。首次访问的时候要执行一系列以上的过程，以后访问就不会了。

3. Java Web 开发模式

JSP 技术规范中给出了两种 JSP 开发 Web 应用的方式，这两种方式可以归纳为模型一和模型二，这两种模型的主要差别在于它们处理业务的流程不同。模型一如图 1-57 所示，称之为 JSP+JavaBean 模型。在这一模型中，JSP 页面独自响应请求并将处理结果返回给客户，所有的数据通过 JavaBean 来处理，JSP 实现页面的表现。

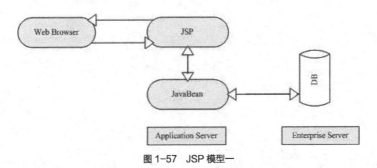

图 1-57 JSP 模型一

从图 1-57 可以看出，模型一也实现了页面表现和业务逻辑相分离。然而这种方式需要在 JSP 页面使用大量的 Java 代码。当处理的业务逻辑很复杂时，这种情况会变得非常糟糕，大量嵌入式代码使整个页面程序变得异常复杂。所以，模型一不能满足大型应用的需要。但是由于该模型简单，不用涉及诸多要素，所以可以满足很多小型应用的需要，在简单应用中可以考虑采用模型一。

模型二如图 1-58 所示，称之为 JSP+Servlet+JavaBean 模型。这一模型结合了 JSP 和 Servlet 技术，充分利用了 JSP 和 Servlet 两种技术原有的优势。这个模型使用 JSP 技术来表现页面，使用 Servlet 技术完成大量的事务处理，使用 Bean 来存储数据。Servlet 用来处理请求的事物，充当一个控制者的角色，并负责向客户发送请求。它创建 JSP 需要的 Bean 和对象，然后根据用户请求的行为，决定将哪个 JSP 页面发送给客户。

从开发的观点看，模型二具有更清晰的页面表现、清楚的开发角色划分，可以充分利用开发团队中的网页设计人员和 Java 开发人员。这些优势在大型项目中表现得尤为突出，网页设计人员可以充分发挥自己的美术和设计才能来充分表现页面，程序编写人员可以充分发挥自己的业务逻辑处理思维，实现项目中的业务处理。

另外，从设计结构来看，这种模型充分体现了模型——视图——控制器的设计架构。事实上，现存的很多开发框架都是基于这种模型的，例如 Apache Struts 框架 和 Java Server Faces 框架。

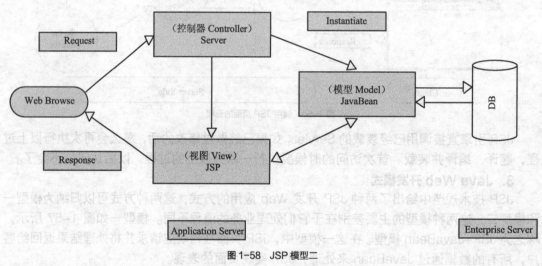

图 1-58　JSP 模型二

Chapter 2

项目二
构建电子购物系统的数据库

本项目将开发电子购物系统的数据库,该项目通过实现用户注册、商品分类查询、添加商品信息等功能,讲解各种 Web 系统连接数据库的方法,掌握数据库的增加、删除、修改和查询功能。

学习目标

- 学会使用 JDBC-ODBC 桥连方式连接数据库
- 掌握 JDBC 连接数据库方法,学会使用纯 Java 方式连接 MySQL 数据库
- 学会使用纯 Java 方式连接其他类型数据库
- 能够熟练编写 Web 系统中的数据库增加、删除、修改和查询程序

任务一　实现数据库的连接

任务描述

在电子购物系统中，用户及商品信息都存储在数据库中，连接到数据库，才可以在数据库中存取各种信息。该任务的具体要求如下。

用不同的方式与 MySQL 中 Shop 数据库建立连接，测试数据库连接得是否正确，若连接成功，在页面输出"使用**方式连接 MySQL 中的 Shop 数据库成功"，否则输出"使用**方式连接 MySQL 中的 Shop 数据库失败"。

任务解析

连接数据库有两种方式：在个人开发与测试中，通常使用 JDBC-ODBC 桥连方式；在生产型开发中，通常使用纯 Java 驱动的方式。两种连接数据库的方式都需要先加载数据库驱动，根据不同种类数据库加载不同的驱动，加载驱动后再连接数据库，然后通过编写、运行连接数据源的 Java 代码呈现测试结果。

方法一　应用 JDBC-ODBC 连接数据库

知识引入

JDBC 是数据库连接技术的简称，提供连接和访问各种数据库的能力。JDBC 程序的工作原理如图 2-1 所示。

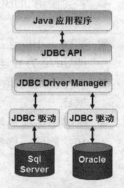

图 2-1　JDBC 程序工作示原理

在开发应用程序时，我们只需正确加载 JDBC 驱动，争取调用 JDBC API，就可以进行数据库的访问了。

加载驱动程序需要用到 Class.forName()方法，此方法将系统给定的类加载到 Java 虚拟机中。如果系统中不存在指定的类，则会发生异常，异常的类型为 ClassNotFoundException。

一般来讲，使用 JDBC-ODBC 开发数据库的应用可以分为下面 5 个步骤。

1. JDBC-ODBC 桥连

JDK 中已经包含了 JDBC-ODBC 的驱动，驱动类的名称如下。

com.mysql.jdbc.Driver

加载驱动的示例代码如下。

```
try{
            Class.forName("com.mysql.jdbc.Driver");
            //加载数据库驱动
}
```

要使用桥连方式，需要先配置数据源，配置数据源的主要步骤如下。

（1）在"开始"菜单→"程序"→"管理工具"下面选择数据源，打开"ODBC 数据源管理器"对话框，如图 2-2 所示。

图 2-2 "ODBC 数据源管理器"对话框

（2）选择"系统 DSN"选项卡，单击"添加"按钮，出现"创建新数据源"对话框，如图 2-3 所示。

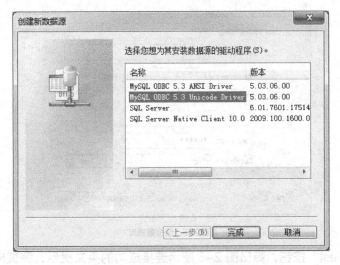

图 2-3 "创建新数据源"对话框

（3）选择"MySQL ODBC 5.3 Unicode Driver"，单击"完成"按钮，出现创建到 MySQL 的新数据源对话框，如图 2-4 所示，需要在对话框中输入数据源和服务器名称。

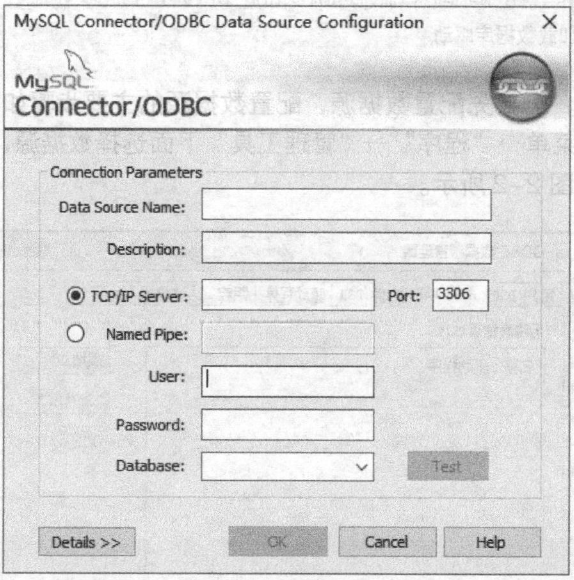

图 2-4 创建数据源

（4）输入数据库的连接名称和服务器的 IP 地址，并且输入 MySQL 用户名和密码，选择数据库，如图 2-5 所示。

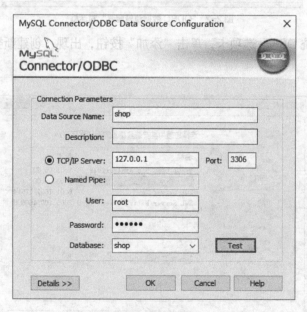

图 2-5 选择数据库

（5）单击"Test"按钮，弹出图 2-6 所示连接成功的英文提示，测试成功后，单击"确定"按钮，数据源名称出现在"系统 DSN"选项卡中。至此，数据源配置成功。

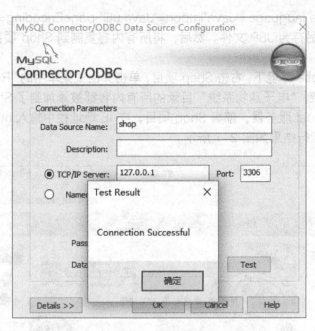

图 2-6 测试连接成功

2. 建立与数据库的连接

在装载了驱动程序后,使用 DriverManager 类的静态方法 getConnection(),建立到给定数据库的连接。该方法接受 3 个参数,分别为数据库连接字符串、用户名和密码,用户名和密码是可选的。数据库连接字符串提供标识数据库的方法,是 JDBC 驱动程序提供的。使用不同的 JDBC 驱动,其连接字符串也是不同的。getConnection() 方法将返回属于 Connection 接口的实例。

建立连接的示例代码如下。

```
Connection conn= DriverManager.getConnection(url, userName, passWord);
```

3. 发送 SQL 语句

建立连接后,就可以向数据库发送 SQL 语句了。JDBC API 提供了 Statement 接口,用于向数据库发送 SQL 语句。可以使用 Connection 接口中的 CreateStatement() 方法创造对象,用于发送 SQL 语句。

4. 处理结果

如果执行的是查询操作,Statement 对象在执行完查询操作后,会将产生的结果以结果集(ResultSet)对象的形式返回。

5. 关闭数据连接,释放资源

访问完某个数据库后,应当关闭数据库连接,释放与连接有关的资源。关闭连接可以使用 Connection 对象的 close() 方法。

任务实施

(1)启动 MyEclipse,新建 Web 项目,命名为 Shop。
(2)打开"电子购物系统"目录,依次修改该目录下的 HTML 文件,在文件开头添加如下代码：<%@page lauguage="Java"import="Java.util" pageEncoding="GBK"%>确保页面中文显示正常，并另存为 JSP 文件。然后，将所有内容复制到 Shop 项目的 WebRoot 目录下。

（3）在 MyEclipse 环境下，右击 Shop 项目，单击弹出式菜单中的"Refresh"，刷新 Shop 项目，这时可以看到"电子购物系统"目录的所有内容都被添加到了 Shop 项目中。

（4）启动 Tomcat 服务器，部署 Shop 项目，在 IE 地址栏中输入 http://localhost:8080/shop/index.jsp，运行结果如图 2-7 所示。

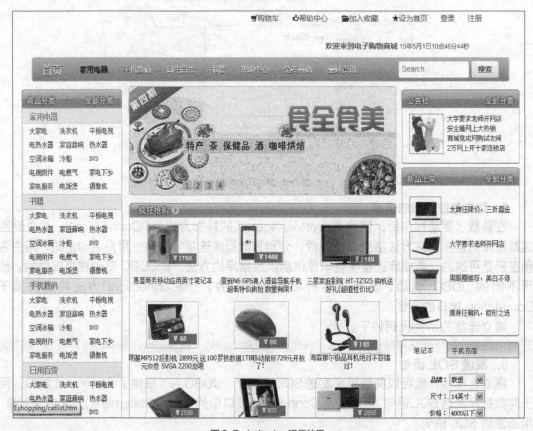

图 2-7 index.jsp 运行结果

（5）右击 WebRoot 目录，新建 chap03 文件夹，在文件夹下新建 JSP 文件"sample3_2.jsp"，利用 JDBC-ODBC 桥连方式连接"电子购物系统"的数据库 Shop，编写如下代码，保存文件。

```
try{

        String url="jdbc:mysql://127.0.0.1:3306/
shop?useUnicode=true&characterEncoding=utf-8&autoReconnect=true";
        //数据库登录名
        String userName = "root";
        //数据库登录密码
        String passWord = "123456";
        con = DriverManager.getConnection(url, userName, passWord);
```

```
        out.println("使用JDBC-ODBC驱动连接MySQL中的Shop数据库成功");
    }catch(Exception e){
        out.println("使用JDBC-ODBC驱动连接MySQL中的Shop数据库失败");
    }
```

（6）在 IE 地址栏中输入 http://localhost:8080/shop/chap03/sample3_2.jsp 运行结果如图 2-8 所示。

图 2-8　sample3_2.jsp 运行结果

方法二　用 JDBC 驱动直接访问数据库

知识引入

一般来讲，使用 JDBC 开发数据库的应用可以分为下面 5 个步骤。

1. 装载纯 Java 驱动

纯 Java 驱动是由 JDBC 驱动直接访问数据库，驱动程序完全由 Java 语言编写，运行时速度快，而且具备了跨平台的特点。但是，由于这类驱动是特定于数据库厂商的，一种驱动只对应一种数据库，因此访问不同的数据库需要下载专门的驱动。现在使用的是 MySQL 数据库，可以从 MySQL 的官方网站下载驱动程序 jar 包。MySQL 提供一个类库文件：mysql-connector-java-5.1.7-bin.jar，具体使用哪个文件取决于首选的 Java 运行时环境（JRE）的设置，详见表 2-1。

表 2-1 JDBC 驱动程序的系统要求

JAR 文件	系统支持	说　　明
mysql-connector-java-5.1.7-bin.jar	该类库提供对 JDBC3.0 的支持 该类库要求使用 5.0 版的 Java 运行时环境（JRE）。连接到数据库时，在 JRE6.0 上使用该类库会发生异常	JDBC 驱动程序不支持 JRE1.4。使用 JDBC 驱动程序时必须将 JRE1.4 升级至 JRE5.0 或更高版本。在某些情况下，您可能需要重新编译应用程序，因为它可能与 JDK5.0 或更高版本不兼容

取得 jar 包后，将 jar 包所在的路径加到 classpath 中。连接到 MySQL 驱动类的名称为 org.gjt.mm.mysql.Driver，加载驱动程序的示例代码如下。

```
try{
    //加载数据库驱动
    Class.forName("com.mysql.jdbc.Driver");
    //数据库连接串
    String url="jdbc:mysql://127.0.0.1:3306/shop?useUnicode=true&characterEncoding=utf-8&autoReconnect=true";
    //数据库登录名
    String userName = "root";
    //数据库登录密码
    String passWord = "123456";
    con = DriverManager.getConnection(url, userName, passWord);
    out.println("使用 JDBC 驱动连接 MySQL 中的 Shop 数据库成功");
}catch(Exception e){
    out.println("使用 JDBC 驱动连接 MySQL 中的 Shop 数据库失败");
}
```

2. 建立与数据库的连接

在装载了驱动程序之后，使用 DriverManager 类的静态方法 getConnection()，建立到给定数据库的连接。该方法接受 3 个参数，分别为数据库连接字符串、用户名和密码，用户名和密码是可选的。数据库连接字符串提供标识数据库的方法，是 JDBC 驱动程序提供的。使用不同的 JDBC 驱动，其连接字符串也是不同的。getConnection()方法将返回属于 Connection 接口的实例。

纯 Java 驱动连接 MySQL 的代码如下。

```
jdbc:mysql://<localhost>[<:3306>]/<webstore>
```

说明：localhost 为本机，3306 为 MySQL 服务的端口号，webstore 为数据库名。如果连接网络中的数据库，可以用服务器的 IP 代替 localhost，如：jdbc:mysql://<127.0.0.1>[<:3306>]/<webstore>。

纯 Java 连接 SQL Server 数据库的代码如下。

```
try {
String url="jdbc: jdbc:mysql://<127.0.0.1>[<:3306>]/<webstore>";
Connection conn= DriverManager.getConnection(url, userName, passWord);
}catch (SQLException e){
    System.out.print(e);
}
```

3. 发送 SQL 语句

建立连接后，就可以向数据库发送 SQL 语句了。JDBC.API 提供了 Statement 接口，用于向数据库发送 SQL 语句，可以使用 Connection 接口中的 CreateStatement()方法创建对象，用于发送 SQL 语句。

4. 处理结果

如果执行的是查询操作，Statement 对象在执行完查询操作后，会将查询结果以结果集（ResultSet）对象的形式返回。

5. 关闭数据库连接，释放资源

访问完某个数据库后，应当关闭数据库连接，释放与连接有关的资源，关闭连接可以使用 Connection 对象的 Close() 方法。

任务实施

（1）启动 Eclipse，打开原有项目电子购物系统。

（2）右击"WebRoot"文件夹，在该文件夹下新建 JSP 文件 sample3_3.jsp，利用纯 Java 方式连接"电子购物系统"的数据库 Shop，编写如下代码，保存文件。

```
try{
    //加载数据库驱动
    Class.forName("com.mysql.jdbc.Driver");
    //数据库连接串
    String url="jdbc:mysql://127.0.0.1:3306/shop?useUnicode=true&characterEncoding=utf-8&autoReconnect=true";
    //数据库登录名
    String userName = "root";
    //数据库登录密码
    String passWord = "123456";
    con = DriverManager.getConnection(url, userName, passWord);
    out.println("使用 JDBC 驱动连接 MySQL 中的 Shop 数据库成功");
}catch(Exception e){
    out.println("使用 JDBC 驱动连接 MySQL 中的 Shop 数据库失败");
}
```

（3）启动 Tomcat 服务器后，部署 Shop 项目，在 IE 地址栏中输入"http：//localhost:8080/shop/chap03/sample3_3.jsp"运行结果如图 2-9 所示。

任务二　实现电子购物系统的商品分类

任务描述

在电子购物系统中，用户可以对商品进行查询，将商品数据分类从服务器中取出，显示到页面。该任务的具体要求如下。

要求对电子购物系统的商品进行分类查询，即查询 Shop 数据库中的 t_goods_type 表的产品分类信息 type_name，并显示在 index.jsp 页面上。

任务解析

对电子购物系统的商品进行分类即按商品类型进行查询。实现查询功能首先要加载数据库驱动，其次建立与数据库的连接，然后向数据库发送实现查询的 SQL 语句，最终对从数据库中取出的结果集进行处理。

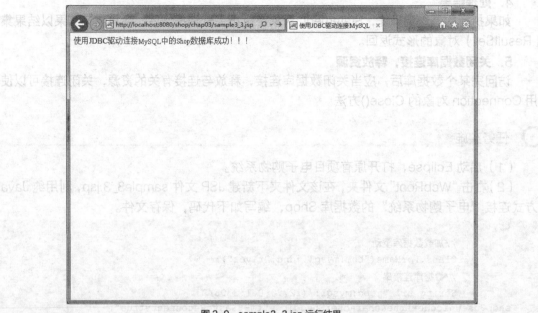

图 2-9　sample3_3.jsp 运行结果

知识引入

对数据库的基本操作主要是对数据的添加、修改、删除和查询操作。利用 Statement 接口的各种方法可以完成这些操作。

1. 创建 Statement 对象

Statement：提供了基本查询的接口，一般用来执行简单的、无参数的查询语句。

Statement 对象不包含 SQL 语句，使用者必须提供 SQL 语句作为 Statement 方法的参数。

可以使用 Connection 对象的 createStatement 方法，例如：

```
Statement stmt=conn.createStatement();
```

createStatement 方法可以带两个参数，来确定结果集的类型，参数类型和取值类型如表 2-2 所示。

表 2-2　createStatement 方法的参数

参　　数	取　　值	说　　明
int resultSetType	ResultTYPE_FORWARD_ONLY	浏览结果集，指针只能向前（默认值）
	ResultTYPE_SCROLL_INSENSITIVE	可滚动，不反映数据变化
	ResultTYPE_SCROLL_SENSITIVE	可滚动，反映数据变化
int resultConcurrenecy	ResultSet.CONCUR_READ_ONLY	不可进行更新操作
	Result.CONCUR.UPDATAVBLE	可进行更新操作（默认值）

2. Statement 对象执行数据操作的方法

Statement 接口提供了很多基本的数据库操作方法，下面列出了执行 SQL 命令的 3 个方法。

（1）ResultSet executeQuery(String sql)：可以执行 SQL 查询并获取 ResultSet 对象。

（2）Int executeUpdate(String sql)：可以执行 update、insert、delete 操作，返回值是执行该操作所影响的行数。还可以执行语言定义语句(create table、drop table)，返回值为 0，因为它们不作用于行。

（3）Boolean execute(String sql)：这是一个最为一般的执行方法，可以执行任意 SQL 语句，然后获得一个布尔值，表示是否返回 ResultSet。

3. ResultSet 结果集

ResultSet 对象具有指向其当前数据行的指针。最初，指针被置于第一行之前。next 方法将指针移动到下一行；因为该方法在 ResultSet 对象中没有下一行时返回 false，所以可以在 while 循环中使用它来迭代结果集。默认的 ResultSet 对象不可更新，仅有一个向前移动的指针。因此，只能迭代它一次，并且只能按从第一行到最后一行的顺序进行。可以生成可滚动或可更新的 ResultSet 对象。

ResultSet 接口提供用于从当前行检索列值的获取方法（getBoolean、getLong 等）。可以使用列的索引编号或列的名称检索值。一般情况下，使用列索引较为高效。列从 1 开始编号。为了获得最大的可移植性，应该按从左到右的顺序读取每行中的结果集列，而且每列只能读取一次。并且 ResultSet 接口提供了对结果集进行处理的各种方法。Statement 对象在执行 executeQuery 方法时会返回一个 ResultSet 对象，该对象中封装了表格类型的查询结果。该接口中常用的重要方法如表 2-3 所示。

表 2-3 ResultSet 的方法

方 法	功 能
Boolean next()	指针（游标）移到下一条记录
Boolean previous()	移到前一条记录
Boolean first()	移到第一条记录
Boolean last()	移到最后一条记录
Boolean isFirst()	判断指针是否指向第一条记录
Boolean isLast()	判断指针是否指向最后一条记录
Boolean absolute(int n)	将指针指向参数指定的记录
String getXXX(int n[String name])	返回指定类型的字段的值
Close	关闭 ResultSet 对象

其中，getXXX()用于返回结果集中当前行的某列的值。XXX 是数据类型的名称，可以是 Byte、String、int 等。获取数据时，可以用 int n 参数指定列号，也可以用 String name 参数指定列名。要对结果集进行滚动操作时，createStatement()方法的参数一定要设置为可滚动的结果集。

当生成 ResultSet 对象的 Statement 对象关闭、重新执行或用来从多个结果的序列检索下一个结果时，ResultSet 对象会自动关闭。

任务实施

（1）启动 MyEclipse，打开项目 Shop。

（2）打开 index.jsp，编码查询 Shop 库中 category 表的商品分类信息 CateName，即 executeQuery()方法执行 SQL 查询并获取 ResultSet 对象。

```jsp
<%
Connection con = null;
try{
//加载数据库驱动
Class.forName("com.mysql.jdbc.Driver");
//数据库连接串
String url="jdbc:mysql://127.0.0.1:3306/
shop?useUnicode=true&characterEncoding=utf-8&autoReconnect=true";
//数据库登录名
        String userName = "root";
        //数据库登录密码
        String passWord = "123456";
        con = DriverManager.getConnection(url, userName, passWord);
        Statement stm = con.createStatement();
        String sql = "select * from t_goods_type where parent_id=-1";
        ResultSet rs = stm.executeQuery(sql);
        while(rs.next()){
        int id = rs.getInt("id");//商品分类 id
        String goodsName = rs.getString("type_name");//商品分类名称
int parentId = rs.getInt("parent_id");//商品分类父分类 id
%>
<ul>
<h1><%=goodsName%></h1>
<!-- 商品子分类 begin -->
<%
String sql1 = "select * from t_goods_type where parent_id="+id;
Statement stm1 = con.createStatement();
ResultSet rs1 = stm1.executeQuery(sql1);
while(rs1.next()){
int id1 = rs1.getInt("id");//商品分类 id
String goodsName1 = rs1.getString("type_name");//商品分类名称
%>
<li><a href="catlist.htm"><%=goodsName1%></a></li>
<%
}
%>
<!-- 商品子分类 end-->
</ul>
<%
}
}catch(Exception e){
out.println("使用 JDBC 驱动连接 MySQL 中的 Shop 数据库失败");
}
%>
```

（3）启动 Tomcat 服务器后，部署 Shop 项目，在 IE 地址栏中输入"http:localhost:8080/shop/chap03/index.jsp"，运行结果如图 2-10 所示。

图 2-10 index.jsp 运行结果

任务三 添加电子购物系统的商品信息

任务描述

在电子购物系统中，商品管理者可以随时随地把商品添加到系统中，供用户查询和购买。该任务的具体要求如下。

要求把商品的具体信息添加到电子购物系统中，即实现将新商品添加到商品表 t_goods 中。具体信息包括商品名称：苹果 5s；运费：12.0；商品数量：33；所在地：深圳；商品分类：3。

任务解析

添加电子购物系统的商品信息即完成商品添加的功能。实现商品添加的功能首先要加载数据库驱动，其次建立与数据库的连接。执行 SQL 语句有两种方法，第一种是用 Statement 方式向数据库发送实现添加功能的 SQL 语句，最后对向数据库添加的结果进行处理。第二种是为了防止 SQL 注入攻击，用 PreparedStatement 的方式向数据库发送实现添加功能的 SQL 语句，最终对向数据库添加的结果进行处理。

方法一 用 Statement 方式添加商品信息

添加商品信息的一般过程：首先根据输入的商品信息查询是否存在该商品，如果该商品不存在，则将商品添加到数据库中，否则提示该商品已经存在，不允许添加了。所以，在数据访问操作中必须包含查询商品信息、添加商品信息这两步操作。

任务实施

（1）启动 MyEclipse，打开项目 Shop。

（2）鼠标右击"chap03"文件夹，在该文件夹下新建 JSP 文件 sample3_4，利用纯 Java 方式连接"电子购物系统"的数据库 Shop，编写如下代码，保存文件。

```jsp
<%@ page language="java" import="java.util. *,java.sql. *" pageEncoding="utf-8"%>
<html>
 <head>
   <title>任务2</title>
 </head>
 <body>
<%
   request.setCharacterEncoding("utf-8");
    String pname = request.getParameter("pname");//商品名称
    String price = request.getParameter("price");//商品运费
    Integer num = request.getParameter("num");//商品数量
String location = request.getParameter("location");//商品所在地
Integer  status = request.getParameter("status");//商品分类
    Connection con = null;
    try{
        //加载数据库驱动
        Class.forName("com.mysql.jdbc.Driver");
        //数据库连接串
        String url="jdbc:mysql://127.0.0.1:3306/shop?useUnicode=true&characterEncoding=utf-8&autoReconnect=true";
        //数据库登录名
        String userName = "root";
        //数据库登录密码
        String passWord = "123456";
        con = DriverManager.getConnection(url, userName, passWord);
     Statement stm = con.createStatement();
     String sql = "insert into t_goods(shop_name,freight,amount,address,goods_type) values('"+pname+"','"+price+"','"+num+"','"+location+"','"+status++")";
        int iResult = stm.executeUpdate(sql);
        if(iResult!=-1){
            out.println("一条记录成功插入数据库中");
        }
        ps.close();
        con.close();
    }catch(Exception e){
        e.printStackTrace();
        out.println("添加数据失败");
```

```
            }
        %>
    </body>
</html>
```

（3）启动 Tomcat 服务器后，部署 Shop 项目，在 IE 地址栏中输入 "http:localhost: 8080/shop/chap03/sample3-5.jsp"，运行结果如图 2-11 所示。

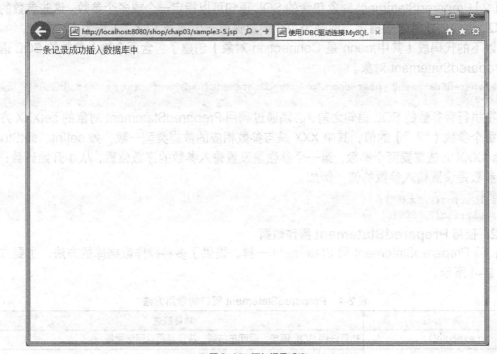

图 2-11 添加记录成功

方法二 用 PreparedStatement 方式添加商品信息

知识引入

在这个过程中，一定要考虑网站安全问题，防止 SQL 注入攻击。

所谓 SQL 注入攻击，就是攻击者把 SQL 命令插入到 Web 表单的输入域或页面请求的查询字符串，欺骗服务器执行恶意的 SQL 命令。在某些表单中，用户输入的内容直接用来构造（或者影响）动态 SQL 命令，或作为存储过程的输入参数，这类表单特别容易受到 SQL 注入攻击。

例如，select * from admin where usename='XXX'and password='YYY' 的语句，如果在正式运行此句之前，没有进行必要的字符过滤，则很容易实施 SQL 注入。如果在用户名文本框输入：abc'or 1=1，密码框内输入：123，则 SQL 语句变成 select * from admin where usename= abc/'or 1=1 and password='123'，不管用户输入任何用户名与密码，此语句永远都能正确执行。用户轻易骗过系统，获取合法身份。

使用 PreparedStatement 对象来做查询，可以有效防止 SQL 注入攻击。

1. PreparedStatement 接口

PreparedStatement 接口是 Statement 接口的子接口，直接继承并重载了 Statement 接口的方法，比普通的 Statement 对象使用起来更加灵活高效，其主要特点如下。

（1）一个 PreparedStatement 对象包含的 SQL 语句是预编译的，因此当需要多次执行同一条 SQL 语句时，利用 PreparedStatement 传送这条 SQL 语句可以大大提高执行效率。

（2）PreparedStatement 对象包含的 SQL 语句可以指定一个或多个参数。这些参数的值在 SQL 语句创建时未被指定，而是为每个参数保留一个问号（"?"）作为占位符。

以下的代码段（其中 conn 是 Connection 对象）创建了包含两个输入参数的 SQL 语句的 PreparedStatement 对象。

```
PreparedStatement prst=conn.preparedStatement(update student set studname=? Where studid=?)
```

在执行带参数的 SQL 语句之前，必须通过调用 PreparedStatement 对象的 setXXX 方法设置每个参数（"?"）的值，其中 XXX 是与参数相应的数据类型一致，如 setInt、setString 等。setXXX 方法需要两个参数，第一个参数是设置输入参数的序数位置，从 1 开始计数；第二个参数是设置输入参数的值，例如：

```
setString(1,"王楠");
setString(2,"200801");
```

2. 使用 PreparedStatement 操作数据

（1）PreparedStatement 同 Statement 一样，提供了多种操作数据库的方法，主要方法如表 2-4 所示。

表 2-4　PreparedStatement 接口的常用方法

方　　法	功能描述
Boolean execute()	执行任何 SQL 语句，返回布尔值，决定是否返回结果集
ResultSet executeQuery	执行 SQL 查询语句，返回查询结果集
Int executeUpdate()	执行 SQL 更新语句，返回影响的记录行数
Void setInt(int x,int y)	将第 x 参数设置为 int 值
Void setString(int x,String y)	将第 x 参数设置为 String 值

（2）使用 PreparedStatement 操作数据步骤如下。
- 创建带参数的 SQL 语句。
- 生成 PreparedStatement 对象。
- 设置参数。
- 执行方法，操作数据。

任务实施

（1）启动 MyEclipse，打开项目 Shop。

（2）鼠标右击 "chap03" 文件夹，在该文件夹下新建 JSP 文件 sample3_4，利用纯 Java 方式连接 "电子购物系统" 的数据库 Shop，编写如下代码，保存文件。

```
<%@ page language="java" import="java.util.*,java.sql.*" pageEncoding="utf-8"%>
<html>
  <head>
```

```
    <title>任务 2</title>
  </head>
  <body>
    <%
      Connection con = null;
      try{
          //加载数据库驱动
          Class.forName("com.mysql.jdbc.Driver");
          //数据库连接串
          String url="jdbc:mysql://127.0.0.1:3306/
shop?useUnicode=true&characterEncoding=utf-8&autoReconnect=true";
          //数据库登录名
          String userName = "root";
          //数据库登录密码
          String passWord = "123456";
          con = DriverManager.getConnection(url, userName, passWord);
            String sql = "insert into t_goods(shop_name,freight,amount,address,
goods_type)values(?,?,?,?,?)";
          PreparedStatement ps = con.prepareStatement(sql);
          ps.setString(1, "苹果5s");
          ps.setDouble(2, 12.0);
          ps.setInt(3, 33);
          ps.setString(4, "深圳");
          ps.setLong(5, 3);
          int iResult = ps.executeUpdate();
          if(iResult!=-1){
              out.println("一条记录成功插入数据库中");
          }
          ps.close();
          con.close();
      }catch(Exception e){
          e.printStackTrace();
          out.println("添加数据失败");
      }
    %>
  </body>
</html>
```

(3)启动 Tomcat 服务器后,部署 Shop 项目,在 IE 地址栏中输入 "http:localhost: 8080/shop/chap03/sample3-5.jsp",运行结果如图 2-12 所示。

项目总结

本项目包含 JSP 数据库编程的基础知识和 JDBC 应用,包括 JDBC 概念,使用 JDBC 连接数据库的方法,数据库记录的查询、插入、删除、修改等相关操作,主要内容如下。

使用 JDBC-ODBC 桥连方式连接数据库。

使用纯 Java 方式连接 MySQL 数据库。

掌握 JDBC 连接 SQL Server 等不同类型数据库的方法。

图 2-12 添加记录成功

编写 Web 系统中的数据库增加、删除、修改和查询程序。

运用 JSP 数据库编程技术连接"电子购物系统"的数据库,实现对商品进行分类和添加商品信息等功能。

运用 PreparedStatement 进行参数查询,有效防止 SQL 注入安全漏洞。

项目拓展训练

1. 编程实现主页中的"查看详情"按钮功能。

提示

当单击"查看详情"按钮时,将商品的 ID 号作为超链接的参数值传递到详细页面,详细页面根据此参数值,从数据库中查询到该商品详细信息并显示。

2. 编写更新商品信息功能。

提示

Statement 接口提供两种方法可用于数据的更新操作。

Int executeUpdate(String sql):可以执行 update、insert、delete 操作,返回值是执行该操作所影响的行数。

Boolean execute(String sql):这是一个最为一般的执行方法,可以执行任意 SQL 语句,然后获得一个布尔值,表示是否返回 ResultSet。

Chapter 3

项目三
用 JavaBean 和 Servlet 技术开发电子购物系统

本项目将围绕客户购物开发一系列功能,通过开发登录验证、注销登录、记录登录信息,统计电子购物系统在线人数,制作站点计数器,添加商品到购物车,查看购物车商品,客户留言等功能,讲解 JavaBean、Servlet 等技术。

学习目标

- 正确使用 Request、Response、Application、Session、Cookie 等内置对象
- 会使用 Servlet 处理 GET、POST 请求
- 能够使用过滤 Servlet 实现登录验证
- 能够使用监听 Servlet 统计在线人数
- 会使用 Servlet 实现购物车
- 能够根据业务描述设计 JavaBean
- 能够使用 JSP 的标准动作实现对 JavaBean 的操作

任务一　处理电子购物系统的客户端请求

➕ 任务描述

在电子购物系统中，实现用户登录和注销及登录后显示系统在线人数等功能。该任务的具体要求如下。

- 用户在客户端输入登录信息，把信息提交给服务器。提交的信息显示在新的页面上。
- 在客户端输入正确的用户名及密码，跳转到登录成功的页面，页面上显示"恭喜你，登录成功"，否则跳转到登录失败页面，页面显示"登录失败，用户名或密码错误"。
- 实现用户登录验证及注销功能。当用户直接打开某个网页时，验证用户是否是合法用户，如果是合法用户，则可正常浏览网页，并记录用户登录信息。否则，跳转回登录页面，提示用户重新登录；用户登录后，还可以进行注销操作。
- 登录到电子购物系统之后，统计该系统的在线人数。
- 用户非首次进入该系统时，可以不必登录，而直接进入到电子购物系统。

➕ 任务解析

（1）服务器通过 Request 对象获取用户的输入信息。该任务中，可以使用 Request 对象获取用户的登录信息，将登录信息显示在新的页面上。

（2）服务器通过 Response 对象对客户端的请求做出响应，可以使用 Response 对象把 Web 服务器的响应的内容发回给客户端。

（3）服务器通过 Session 对象存储客户信息，可以通过在 Session 对象内存储或删除客户信息达到记录登录或注销操作的目的。

（4）统计在线人数的方法有很多种，该任务可以使用 Application 对象统计在线人数。

（5）多数网站都有记住密码的功能，这样用户非首次进入电子购物系统时可以不必输入信息进行登录，而是直接操作。这需要用到 Cookie 对象的操作。

➕ 知识引入

1. 用 Request 对象获取用户登录信息

Web 开发最重要的特点是交互性，而实现交互性的重要内置对象是 Request 对象。Request 对象是使用最多的内置对象，其最主要作用是接收客户端发送的请求信息，如通过表单提供的参数、通过地址传递的参数、发送的头信息等。

Request 对象是 javax.servlet.http.HttpServletRequest 接口的实例化对象。其作用是与客户端交互，收集客户端的 Form、Cookies、超链接，或者收集服务器端的环境变量。从客户端向服务器发出请求，包括用户提交的信息以及客户端的一些信息。客户端可通过 HTML 表单或在网页地址后面提供参数的方法提交数据，然后通过 Request 对象的相关方法来获取这些数据。Request 的各种方法主要用来处理客户端浏览器提交的请求中的各项参数和选项。

Request 对象的常用方法如表 3-1 所示。

表 3-1 Request 对象的常用方法

序号	方法	描述
1	public String getParameter(String name)	接收客户端发来的请求参数内容
2	public String[] getParameterValues(String name)	取得客户端发来的一组请求参数内容
3	public Enumeration getParameterNames()	取得全部请求参数的名称
4	public String getRemoteAddr()	得到客户端的 IP 地址
5	void setCharacterEncoding (String env) throws UnsuppotedEncodingExcption	设置统一的请求编码
6	public Boolean isUserInRole(String role)	进行用户身份的验证
7	public Httpsession getSession()	取得当前的 Session 对象
8	public StringBuffer getRequestURL()	返回正在请求的路径
9	public Enumeration getHeaderNames()	取得全部 request header 的名字
10	public String getHeader(String name)	根据名称取得头信息的内容
11	public String getMethod()	取得用户的提交方式
12	public String getServletPath()	提取访问的路径
13	public String getContextPath()	取得上下文资源路径
14	public Object getAttribute(String name)	返回指定名字的属性值，不存在则返回空值
15	public Object setAttribute(String name,Object obj)	设置指定名字的属性，并存储 Request 中
16	public Cookie[ ] getCookies()	返回客户端的 Cookie 对象,结果是一个 Cookie 数组

2. 用 Response 对象重定向页面

Response 对象的主要作用是对客户端的请求做出响应，将 Web 服务器的处理结果发回给客户端。Response 对象只提供了一个数据集合 Cookie，它用于在客户端写入 Cookie 值。若指定的 Cookie 不存在，则创建它。若存在，则将自动进行更新。

Response 对象属于 javax.servlet.http.HttpServletResponse 接口的实例。HttpServletResponse 接口的定义如下：public interface HttpServletResponse extends ServletRes ponse。Response 对象的常用方法如表 3-2 所示。

表 3-2 Response 对象的常用方法

序号	方法	描述
1	public void addCookie(Cookie cookie)	向客户端增加 Cookie
2	public void setHeader(String name,String value)	设置回应的头信息
3	public void sendRedirect(String location) throws IOException	页面跳转
4	public void addCookie(Cookie cookie)	添加一个 Cookie 对象，用来保存客户端的用户信息
5	public void flushBuffer()	强制将当前缓冲区的内容发送到客户端
6	public void sendError(int sc[,String msg])	向客户端发送错误信息。sc 表示错误代码，如505表示服务器内部错误
7	public void setCharacterEncoding(String charset)	设置响应的字符编码
8	public ServletOutputStream getOutputStream()	返回到客户端的输出流对象

调用 Response 对象的 SendRedirect()方法可以实现页面的跳转,该跳转属于客户端跳转,用此方法跳转后,地址栏的地址会发生改变。

3. 用 Session 对象实现页面访问控制

(1)什么叫页面的访问控制。

未登录客户可以浏览某些页面,当需要进一步操作时,系统会自动跳转到登录页面,提示用户登录。

(2)如何进行页面的访问控制。

如果能够设置一个属性,在任何一个需要进行访问控制的页面中都能取得该属性,我们就可以根据该属性的值判断用户是否登录。而之前讲过的 Request 对象其属性范围只在一次服务器端跳转内有效。

从一个客户打开浏览器并连接到服务器开始,到客户关闭浏览器离开这个服务器结束,称为一个会话。当一个客户访问一个服务器时,可能会在这个服务器的几个页面之间反复连接,反复刷新一个页面,服务器应当通过某种方法知道这是同一个客户,这就需要 Session 对象。

Session 对象的 ID 是指当一个客户首次访问服务器上的一个 JSP 页面时,JSP 引擎产生一个 Session 对象,同时分配一个字符类型的 ID 号,JSP 引擎同时将这个 ID 号发送到客户端,存放在 Cookie 中,这样 Session 对象和客户之间就建立了一一对应的关系。

当客户再次访问连接该服务器的其他页面时,不再给客户分配新的 Session 对象,直到客户关闭浏览器后,服务器端将该客户的 Session 对象取消,服务器与该客户的会话对应关系消失。当客户重新打开浏览器再连接到该服务器时,服务器为该客户再创建一个新的 Session 对象。

每个 Session 对象都表示不同的 Session 访问用户,Session 对象是 javax.servlet.http.HttpSession 接口的实例化对象,所以 Session 只能应用在 HTTP 中。Session 对象的引入是为了弥补 HTTP 的不足,HTTP 是一种无状态的协议。Session 对象的常用方法如表 3-3 所示。

表 3-3 Session 对象的常用方法

序号	方法	描述
1	public String getId()	取得 Session ID
2	public long getCreationTime()	取得 Session 的创建时间
3	public long getLastAccessedTime()	取得 Session 的最后一次操作时间
4	public Object getAttribute(name)	取得指定名字的属性值
5	public boolean isNew()	判断是否是新的 Session(新用户)
6	public void invalidate()	让 Session 失效
7	public Enumeration getAttributeNames()	得到 Session 全部属性的名称
8	public void setAttribute(String name, Object obj)	设置指定名称的属性值
9	public void removeAttribute(String name)	删除指定的属性名及值
10	public int getMaxInactiveInterval()	返回 Session 对象的生存时间

4. 用 Application 统计在线人数

Session 对象保存的属性在重新打开一个新的浏览器时会丢失，如果希望设置一个属性，可以让所有的用户都能看得见，则可以利用 Application 对象，这样可以将属性保存在服务器上，使得每个用户（每个 Session）都能访问这个属性。

Application 对象用于存储和访问来自任何页面的变量，类似于 Session 对象。不同之处在于，所有的用户分享一个 Application 对象，而 Session 对象和用户的关系是一一对应的。Application 对象中可以存放大量被应用程序中页面使用的信息（比如数据库连接信息）。这意味着可以从任何的页面访问这些信息。同时也意味着你可以在一个地点改变这些信息，然后这些改变会自动反映在所有的页面上。

Application 对象是 javax.servlet.ServletContext 接口的实例化对象，服务器启动后就产生了这个 Application 对象，当客户在所访问的网站的各个页面之间浏览时，这个 Application 对象都是同一个，直到服务器关闭。与 Session 不同的是，所有客户的 Application 对象都是同一个，即所有客户共享这个内置的 Application 对象。Application 对象的常用方法如表 3-4 所示。

表 3-4 Application 对象的常用方法

序号	方法	描述
1	public String getRealPath(String path)	得到虚拟目录对应的绝对路径
2	public Object getAttribute(String name)	得到指定属性的值
3	public String getServletInfo()	返回当前版本 Servlet 编译器的信息
4	public Enumeration getAttributeNames()	得到所有属性的名称
5	public String getContextPath()	取得当前的虚拟路径名称
6	public void removeAttribute(String name)	删除指定属性
7	public void setAttribute(String name,Object obj)	按照键值设置属性值

5. 用 Cookie 制作站点计数器

Cookie 是浏览器所提供的一种技术，这种技术让服务器端的程序能将一些只需保存在客户端或者在客户端进行处理的数据，放在客户端计算机，而不需要通过网络的传输，因而提高网页处理的效率，同时也能够减少服务器的负载。

Cookie 是 Web 服务器保存在用户硬盘上的一段文本，Cookie 允许一个 Web 站点在用户的计算机上保存信息并且随后再将其取回。

服务器读取 Cookie 的时候，只能够读取到这个服务器相关信息。而且，浏览器一般只允许存放 300 个 Cookie，每个站点最多存放 20 个，另外每个 Cookie 的大小为 4KB，根本不会占用多少空间。同时，Cookie 是有时效性的。例如，设置了 Cookie 的存活时间为 1min，则 1min 后当前 Cookie 就会被浏览器删除。因此，使用 Cookie 不会带来太大的安全威胁。

JSP 专门提供了 javax.servlet.http.Cookie 的操作类，此类定义的常用方法如表 3-5 所示。

表 3-5 Cookie 定义的常用方法

序号	方法	描述
1	public Cookie(String name,String value)	实例化 Cookie 对象，同时设置名字和内容
2	public String getName()	取得 Cookie 的名字
3	public String getValue()	取得 Cookie 的内容
4	public void setMaxAge(int expiry)	设置 Cookie 的保存时间，以秒为单位

所有的 Cookie 都是由服务器设置到客户端的，要向客户端增加 Cookie，必须使用 Response 对象的以下方法，如表 3-6 所示。

表 3-6 设置 Cookie

序号	方法	描述
1	public void addCookie(Cookie cookie)	向客户端设置 Cookie
2	public Cookie[] getCookies()	取得客户端设置的全部 Cookie
3	public Cookie(String name, String value)	构造方法，实例化对象
4	public String getName()	取得 Cookie 的名称
5	public String getValue()	取得 Cookie 的属性
6	public void setMaxAge(int expiry)	设置 Cookie 的保存时间，以秒为单位

Cookie 的基本操作有以下几种。

（1）创建 Cookie 对象。

```
Cookie[] cookies = request.getCookies();
```

（2）传送 Cookie 对象。

```
response.addCookie(cookie);
```

（3）读取 Cookie 对象。

```
Cookie[] cookies = request.getCookies();
//寻找计数器Cookie
if( null != cookies){
for( Cookie c : cookies ){
 if(c.getName().equals("counter")){
    cookie = c;
    findCookie = true;
    break;
 }
}
```

（4）设置 Cookie 对象有效时间。

```
cookie.setMaxAge(60);
```

任务实施

步骤一：获取用户登录信息

（1）新建 Web project，命名为 chap04，在 WebRoot 下，新建文件夹 request。

(2)在 request 文件夹下新建表单提交文件 login.html。

```html
<html>
  <head>
    <title>login.html</title>
    <meta http-equiv="keywords" content="keyword1,keyword2,keyword3">
    <meta http-equiv="description" content="this is my page">
    <meta http-equiv="content-type" content="text/html; charset=UTF-8">
    <!--<link rel="stylesheet" type="text/css" href="./styles.css">-->
  </head>
    <body>
        <form action="Login.jsp" method="post" name="form1">
            <p>
            用户名：
            <input type="text" name="username" />
            </p>
            <p>
            密码：
            <input type="password" name="password" />
            </p>
            <input type="submit" name="ok" value="登录" />
            <input type="reset" name="reset" value="重置" />
            </form>
    </body>
</html>
```

(3)新建 JSP 文件 Login.jsp，该文件接受 login.html 表单内容，并将用户提交的商品信息显示在网页上。

```jsp
<%@ page language="java" import="java.util.*" pageEncoding="UTF-8"%>
<%
String path = request.getContextPath();
String basePath = request.getScheme()+"://"+request.getServerName()+":"+request.getServerPort()+path+"/";
%>
<!DOCTYPE HTML PUBLIC "-//W3C//DTD HTML 4.01 Transitional//EN">
<html>
  <head>
    <base href="<%=basePath%>">
    <title>My JSP starting page</title>
    <meta htt-equiv="pragma" content="no-cache">
    <meta http-equiv="cache-control" content="no-cache">
    <meta http-equiv="expires" content="0">
    <meta http-equiv="keywords" content="keyword1,keyword2,keyword3">
    <meta http-equiv="description" content="This is my page">
    <!--
    <link rel="stylesheet" type="text/css" href="styles.css">
    -->
  </head>
  <body>
    <%
    request.setCharacterEncoding("GBK");
    String username = request.getParameter("username");
    String password = request.getParameter("password");
```

```
     %>
      <h2>用户名:<%=username %></h2>
      <h2>密码:<%=password %></h2>
     </body>
    </html>
```

启动 Tomcat 服务器,在地址栏中输入 http://localhost:8080/chap04/login.html,在网页中输入用户名和密码后,单击"登录"按钮,如图 3-1 所示。

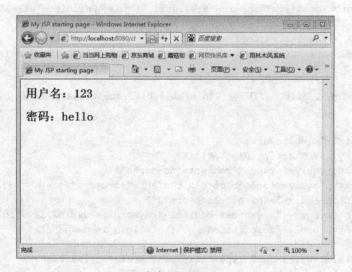

(a)登录界面

(b)跳转界面

图 3-1 登录和跳转界面

(4)处理中文乱码问题。

在参数提交中,会出现中文乱码问题,如上面的网页中,如果输入的用户名为中文,将出现乱码,如图 3-2 所示。

项目三 用JavaBean和Servlet技术开发电子购物系统 71

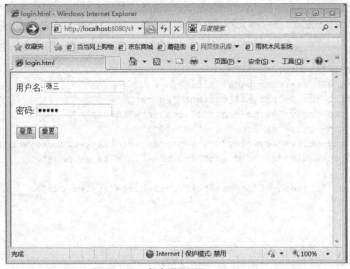

(a) 登录界面

(b) 跳转界面

图 3-2 登录和跳转界面

之所以会出现中文无法显示的情况，是因为浏览器的默认编码是 UTF-8 编码，而中文的 GBK 编码和 UTF-8 编码是不一样的，所以造成了乱码，由于双方的编码不统一，所以无法正常沟通。

可以使用 Request 对象的 setCharacterEncoding()方法设置一个统一的编码。

修改 Login.jsp 页面，加入编码设置，修改后的页面显示如图 3-3 所示。

```
<%@ page language="java" import="java.util.*" pageEncoding="UTF-8"%>
<%
String path = request.getContextPath();
String basePath = request.getScheme()+"://"+request.getServerName()+":"+request.getServerPort()+path+"/";
```

```jsp
%>
<!DOCTYPE HTML PUBLIC "-//W3C//DTD HTML 4.01 Transitional//EN">
<html>
  <head>
    <base href="<%=basePath%>">
    <title>My JSP starting page</title>
    <meta http-equiv="pragma" content="no-cache">
    <meta http-equiv="cache-control" content="no-cache">
    <meta http-equiv="expires" content="0">
    <meta http-equiv="keywords" content="keyword1,keyword2,keyword3">
    <meta http-equiv="description" content="This is my page">
    <!--
    <link rel="stylesheet" type="text/css" href="styles.css">
    -->
  </head>
  <body>
    <%
    request.setCharacterEncoding("UTF-8");
    String username = request.getParameter("username");
    String password = request.getParameter("password");
    %>
    <h2>用户名：<%=username %></h2>
    <h2>密码：<%=password %></h2>

  </body>
</html>
```

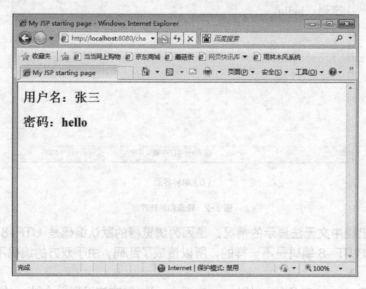

图 3-3 正确显示中文

步骤二：获取用户登录信息

（1）新建登录成功页面 success.html。

输入用户名和密码，如图 3-4（a）所示；登录成功后会显示页面 success.html，如图 3-4（b）所示。

```
<!DOCTYPE HTML PUBLIC "-//W3C//DTD HTML 4.0//EN">
<html>
  <head>
    <title>success.html</title>
    <meta http-equiv="keywords" content="keyword1,keyword2,keyword3">
    <meta http-equiv="description" content="this is my page">
    <meta http-equiv="content-type" content="text/html; charset=UTF-8">
    <!--<link rel="stylesheet" type="text/css" href="./styles.css">-->
  </head>
  <body>
      登录成功! <br>
  </body>
</html>
```

(2)新建登录失败的页面 error.html。

```
<!DOCTYPE HTML PUBLIC "-//W3C//DTD HTML 4.0//EN">
<html>
  <head>
    <title>fail.html</title>
    <meta http-equiv="keywords" content="keyword1,keyword2,keyword3">
    <meta http-equiv="description" content="this is my page">
    <meta http-equiv="content-type" content="text/html; charset=UTF-8">
    <!--<link rel="stylesheet" type="text/css" href="./styles.css">-->
  </head>
  <body>
      账号或密码错误! 请输入正确的账号与密码!  <br>
      <a href="login.html">返回</a>
  </body>
</html>
```

(3)修改登录提交页面 Login.jsp。输入错误的用户名和密码,如图 3-4(c)所示;登录错误后会显示页面 error.html,如图 3-4(d)所示。

```
<%@ page language="java" import="java.util.*" pageEncoding="UTF-8"%>
<%
String path = request.getContextPath();
String basePath = request.getScheme()+"://"+request.getServerName()+":"+request.getServerPort()+path+"/";
%>
<!DOCTYPE HTML PUBLIC "-//W3C//DTD HTML 4.01 Transitional//EN">
<html>
  <head>
    <base href="<%=basePath%>">
    <title>My JSP 'login.jsp' starting page</title>
    <meta http-equiv="pragma" content="no-cache">
    <meta http-equiv="cache-control" content="no-cache">
    <meta http-equiv="expires" content="0">
    <meta http-equiv="keywords" content="keyword1,keyword2,keyword3">
    <meta http-equiv="description" content="This is my page">
    <!--
    <link rel="stylesheet" type="text/css" href="styles.css">
    -->
  </head>
  <body>
    <%
```

```
        String username = request.getParameter("username");
        String password = request.getParameter("password");
        if(username.equals("666")&&password.equals("888")){
            response.sendRedirect("success.html");
        }else{
            response.sendRedirect("error.html");
        }
    %>
  </body>
</html>
```

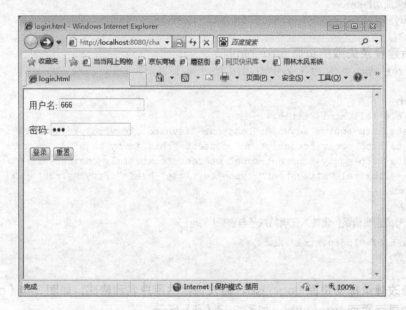

（a）输入页面

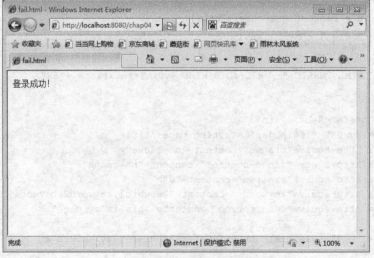

（b）成功跳转页面

图3-4 新建和修改页面

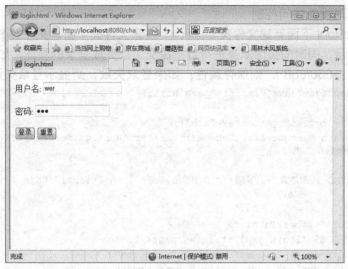

（c）输入错误页面

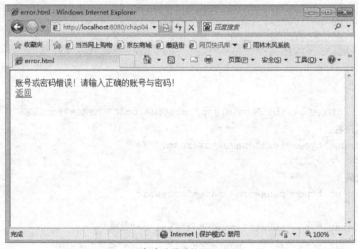

（d）失败跳转页面

图 3-4 新建和修改页面（续）

比较<jsp:forword>标签跳转指令和 response.sendRedirect()跳转指令。
- <jsp:forword>跳转属于服务器端跳转，跳转之后地址栏不会有任何的改变，而 response.sendRedirect()属于客户端跳转，跳转之后地址栏会发生改变，且变为跳转之后的页面地址。
- 在使用 Request 时，只有服务器跳转才能将 Request 属性保存到跳转页，如果是客户端跳转，则无法进行属性的传递。
- 服务器端跳转，执行到跳转语句时会立刻进行跳转；而客户端跳转，则会在整个页面都执行完后才进行跳转。
- 使用<jsp:forword>，可以通过<jsp:param>方便地进行参数的传递；而使用 request.sendRedirect()时，则只能通过地址重写的方式完成参数的传递。

步骤三：实现页面访问控制

（1）在 WebRoot 下面新建文件夹 session，在该文件夹中新建文件 login.jsp，该文件完成登录表单的显示，同时向页面本身进行数据提交，以完成登录的验证，如果登录成功（用户名和密码固定：666/888），则保存属性；如果登录失败，则显示登录失败的信息。

```jsp
<%@ page language="java" import="java.util.*" pageEncoding="UTF-8"%>
<%
String path = request.getContextPath();
String basePath = request.getScheme()+"://"+request.getServerName()+":"+request.getServerPort()+path+"/";
%>
<!DOCTYPE HTML PUBLIC "-//W3C//DTD HTML 4.01 Transitional//EN">
<html>
  <head>
    <base href="<%=basePath%>">
    <title>My JSP 'login.jsp' starting page</title>
    <meta http-equiv="pragma" content="no-cache">
    <meta http-equiv="cache-control" content="no-cache">
    <meta http-equiv="expires" content="0">
    <meta http-equiv="keywords" content="keyword1,keyword2,keyword3">
    <meta http-equiv="description" content="This is my page">
    <!--
    <link rel="stylesheet" type="text/css" href="styles.css">
    -->
  </head>
  <body>
    <form action="session/login.jsp" method="post" name="form1">
        用户名：
        <input type="text" name="username" />
        <br />
        密码：
        <input type="password" name="password" />
        <br />
        <input type="submit" name="ok" value="登录" />
        <input type="reset" name="reset" value="重置" />
    </form>
    <%
    String username = request.getParameter("username");
    String password = request.getParameter("password");
    if(!((username ==null|| username.equals(""))&&(password==null||password.equals("")))){
        if(username.equals("666")&&password.equals("888")){
            session.setAttribute("username", username);
            response.sendRedirect("welcome.jsp");
        }else{
            %><h3>账号或密码错误！</h3><%
        }
    }
    %>
  </body>
</html>
```

（2）新建欢迎页：welcome.jsp，此页面要求在用户登录完成之后才可以显示登录成功的信息，如果没有登录，则要给出未登录的提示，同时给出一个登录的链接地址。

```jsp
<%@ page language="java" import="java.util. *" pageEncoding="UTF-8"%>
<%
String path = request.getContextPath();
String basePath = request.getScheme()+"://"+request.getServerName()+":"+request.getServerPort()+path+"/";
%>
<!DOCTYPE HTML PUBLIC "-//W3C//DTD HTML 4.01 Transitional//EN">
<html>
  <head>
    <base href="<%=basePath%>">
    <title>My JSP 'welcome.jsp' starting page</title>
    <meta http-equiv="pragma" content="no-cache">
    <meta http-equiv="cache-control" content="no-cache">
    <meta http-equiv="expires" content="0">
    <meta http-equiv="keywords" content="keyword1,keyword2,keyword3">
    <meta http-equiv="description" content="This is my page">
    <!--
    <link rel="stylesheet" type="text/css" href="styles.css">
    -->
  </head>
  <body>
    <%
        String username= (String)session.getAttribute("username");
        if( null != username){
    %>
        <h1>欢迎您到来！</h1><br/>
        <h2><a href="session/logout.jsp">注销</a></h2>
    <%}else{ %>
        <h2><a href="session/login.jsp">请重新登录</a></h2>
    <%} %>
  </body>
</html>
```

Welcome.jsp 页面首先要对 session 属性范围是否存在指定的属性进行判断，如果存在，则表示用户是已登录的合法用户，会给出欢迎光临本系统的信息，并给出注销的链接。

（3）新建注销页 logout.jsp。此功能完成登录的注销，注销之后，页面要跳转回 login.jsp，等待用户继续登录。

```jsp
<%@ page language="java" import="java.util. *" pageEncoding="UTF-8"%>
<%
String path = request.getContextPath();
String basePath = request.getScheme()+"://"+request.getServerName()+":"+request.getServerPort()+path+"/";
%>
<!DOCTYPE HTML PUBLIC "-//W3C//DTD HTML 4.01 Transitional//EN">
<html>
  <head>
    <base href="<%=basePath%>">
    <title>My JSP 'logout.jsp' starting page</title>
    <meta http-equiv="pragma" content="no-cache">
    <meta http-equiv="cache-control" content="no-cache">
    <meta http-equiv="expires" content="0">
    <meta http-equiv="keywords" content="keyword1,keyword2,keyword3">
    <meta http-equiv="description" content="This is my page">
    <!--
```

```
        <link rel="stylesheet" type="text/css" href="styles.css">
        -->
    </head>
    <body>
      <%
      response.setHeader("refresh","2,URL=login.jsp");
      session.invalidate();
      %>
      <h2>成功退出!两秒后跳转!</h2>
      <h2>没有成功跳转请点击<a href="session/login.jsp">这里</a></h2>
    </body>
</html>
```

该页面使用 invalidate()方法进行了 Session 的注销操作,并且设置了定时跳转的功能。运行程序,如图 3-5 所示。

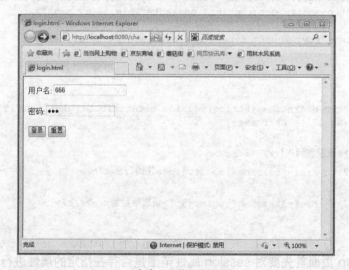

(a)正确登录页面

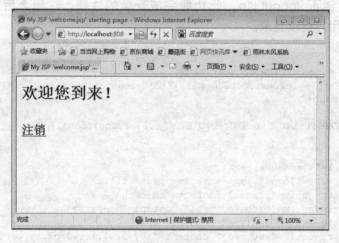

(b)登录成功页面

图 3-5 运行程序各页面

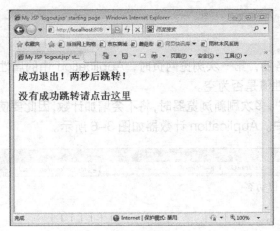

（c）注销页面

图 3-5　运行程序各页面（续）

步骤四：统计在线人数

（1）新建计数器文件 counter.jsp。

```jsp
<%@ page language="java" import="java.util.*" pageEncoding="UTF-8"%>
<%
String path = request.getContextPath();
String basePath = request.getScheme()+"://"+request.getServerName()+":"+request.getServerPort()+path+"/";
%>
<!DOCTYPE HTML PUBLIC "-//W3C//DTD HTML 4.01 Transitional//EN">
<html>
  <head>
    <base href="<%=basePath%>">

    <title>My JSP 'counter.jsp' starting page</title>
    <meta http-equiv="pragma" content="no-cache">
    <meta http-equiv="cache-control" content="no-cache">
    <meta http-equiv="expires" content="0">
    <meta http-equiv="keywords" content="keyword1,keyword2,keyword3">
    <meta http-equiv="description" content="This is my page">
    <!--
    <link rel="stylesheet" type="text/css" href="styles.css">
    -->
  </head>
  <body>
    <%
    String num = (String)application.getAttribute("num");
    int number = 1;
    if(null != num){
     number = Integer.parseInt(num);
    }
     if(session.isNew()){
     number = number+1;
    }
     application.setAttribute("num",String.valueOf(number));
    %>
```

```
    <h2>你是第<%=number %>位访客</h2>
  </body>
</html>
```

代码中刚启动服务器，第一次浏览网页时，Application 中的属性 num 的值为 null，因此在程序中要判断属性值是否为空。

如果是同一个用户，多次刷新浏览器时，将不会增加计数，因此要使用 Session 的 isNew() 方法判断是否是新用户。Application 计数器如图 3-6 所示。

图 3-6　Application 计数器

（2）多次重启浏览器，运行程序。

说明：Application 对象中的变量和数据的值在服务器启动状态下一直存在，重启服务器后，Application 对象中的变量才重新进行初始化。重启 Tomcat 服务器，运行程序时，计数器会重新开始计数。

步骤五：制作站点计数器

（1）在 webapps 文件夹下面新建文件夹 cookie，在该文件夹下新建 JSP 文件 cookiedemo.jsp。

```
<%@ page language="java" import="java.util.*" pageEncoding="UTF-8"%>
<%
String path = request.getContextPath();
String basePath = request.getScheme()+"://"+request.getServerName()+":"+request.getServerPort()+path+"/";
%>
<!DOCTYPE HTML PUBLIC "-//W3C//DTD HTML 4.01 Transitional//EN">
<html>
  <head>
    <base href="<%=basePath%>">
    <title>My JSP 'cookie.jsp' starting page</title>
    <meta http-equiv="pragma" content="no-cache">
    <meta http-equiv="cache-control" content="no-cache">
    <meta http-equiv="expires" content="0">
    <meta http-equiv="keywords" content="keyword1,keyword2,keyword3">
    <meta http-equiv="description" content="This is my page">
    <!--
    <link rel="stylesheet" type="text/css" href="styles.css">
    -->
  </head>
  <body>
    <%
    Cookie cookie = null;
    boolean findCookie = false;
    //请求中获取 Cookie
```

项目三 用JavaBean和Servlet技术开发电子购物系统

```
    Cookie[] cookies = request.getCookies();
    //寻找计数器Cookie
    if( null != cookies){
    for( Cookie c : cookies ){
     if(c.getName().equals("counter")){
         cookie = c;
         findCookie = true;
         break;
     }
    }
    }

    if(findCookie){
     int count = Integer.parseInt(cookie.getValue());
     count++;
     cookie.setValue(String.valueOf(count));
    %>
     <p>这是你一分钟内第<%=count%>次访问本页</p>
    <%
    }else{
    %>
     <p>最近一分钟内未访问本页<br>
     这是你一分钟内第1次访问本页</p>
    <%
     cookie = new Cookie("counter","1");
    }
     cookie.setMaxAge(60);
     response.addCookie(cookie);
    %>
  </body>
</html>
```

（2）运行程序，多次刷新浏览器后，结果如图3-7所示。

图3-7 Cookie 计数器

任务二 实现电子购物系统的购物功能

任务描述

在电子购物系统中，实现用户身份验证、在线人数统计和购物车等功能。该任务的具体要求如下。
- 用 Servlet 的方式实现电子购物系统用户身份验证、登录。
- 用 Servlet 监听技术实现电子购物系统在线人数的统计。
- 设计能够实现电子购物系统购物功能的购物车。
- 实现添加商品到电子购物系统购物车里。
- 实现列表显示电子购物系统购物车商品功能。

任务解析

（1）用 Servlet 实现购物车功能，首先要创建一个 Servlet，并配置、调用 Servlet。再用 Servlet 读取表单数据。

（2）其次是用 Servlet 的方式实现用户登录。在前面学习 JSP 时，用户身份验证成功后的信息将会保存在 Session 中，在以后的操作中，只需要对保存在 Session 中的信息进行验证和查看即可。但是如果有多个页面进行这些验证工作，在每个页面上都加上验证代码，就会增加许多冗杂的代码，如果不进行验证，又会带来安全隐患。想要既安全又方便地完成身份验证的工作，可以使用 Servlet 的过滤器技术。

（3）然后是用 Servlet 的方式实现电子购物系统在线人数的统计。在线人员列表和在线人数统计是一个较为常见的功能，这个功能在 Web 中只能靠监听器实现，该任务可以使用 HttpSessionListener 接口实现在线人数统计。

（4）在电子购物系统中，用户购买商品时首先放在购物车中，对于购物车的商品，用户可以根据需要进行商品数量的更改、商品的删除等。为了方便对购物车的操作，将结合数据库设计购物车的整体对象。

（5）用户在浏览商品的详细信息时，在页面上为用户添加了"购买"按钮，当用户单击"购买"按钮时，当前商品将添加到购物车中。

（6）用户已经购买商品成功，程序要对用户进行提示或者显示用户已经购买了哪些商品，也就是要实现把购物车内的所有商品显示给用户。

知识引入

1. 用 Servlet 读取表单

（1）创建一个 Servlet。

Servlet 是使用 Java 语言编写的服务器端小程序，Servlet 这个词是在 Java applet 的环境中创造的，Java applet 是一种当作单独文件跟网页一起发送的小程序，它通常用于在客户端运行，结果得到为用户进行运算或者根据用户相互作用定位图形等服务。Servlet 可以像 JSP 一样生成动态的 Web 页。Servlet 主要运行在服务器端，并由服务器调用执行以处理客户端的请求，并作出响应。一个 Servlet 就是一个 Java 类，更直接地说，Servlet 是能够使用 print 语句产生动态 HTML 内容的 Java 类。

Servlet 程序将按照如下步骤进行处理。

首先，客户端（Web 浏览器）通过 HTTP 提出请求。

其次，Web 服务器接受该请求并将其发送给 Servlet。如果这个 Servlet 尚未被加载，Web 服务器将把它加载到 Java 虚拟机并且执行它。

- Servlet 程序将接受该 HTTP 请求并执行某种处理。
- Servlet 会将处理后的结果向 Web 服务器返回应答。
- Web 服务器将从 Servlet 收到的应答发回给客户端。
- 要开发一个可以处理 HTTP 请求的 Servlet 程序，则必须要继承 HttpServlet 类，HttpServlet 作为一个抽象类可用来创建用户自己的 Servlet，HttpServlet 子类至少要重写以下方法中的一个：doGet()和doPost()。HttpServlet 提供 doGet()方法处理 form 表单的 GET 请求，并提供 doPost()方法处理 form 表单的 POST 请求。

说明：通过浏览器输入一个地址，对于服务器来说相当于客户端发出了一个 GET 请求，会自动调用 Servlet 类的 doGet()方法。

（2）配置、调用一个 Servlet。

从一个普通的 Java 对象变成一个 Servlet，需要经过以下几步。

步骤一：构造这个普通的对象。

步骤二：运行 init 方法，init 方法的主要目的是，初始化 servletconfig 和 servletcontext 文件。

步骤三：运行 service 方法，service 方法的主要目的是，在 service 方法中，调用 doGet 或者是 doPost 方法，处理请求的业务逻辑是在 doGet 或者是 doPost 方法里处理的。

步骤四：运行 destory 方法，destory 方法的目的是，这个 Servlet 不用之后，释放 Servlet 占用的资源。

Servlet 作为一个组件，同之前学过的 JSP 一样，也要部署到 Tomcat 中才能运行。因为所有的 Servlet 程序都是以.class 的形式存在的，所以必须在 WEB-INF\web.xml 文件中进行 Servlet 程序的映射配置。

（3）读取表单数据。

Servlet 本身也存在 HttpServletRequest 和 HttpServletResponse 对象的声明，所以可以使用 Servlet 接收用户所提交的内容。

> **提示**
>
> 在实际开发中，经常会出现找不到 Servlet 而报的 404 错误，面对这种问题，一定要耐心观察每一步的提交路径，提交后的路径是否与配置的 Servlet 路径一致。更为直接的方法是，在表单的 action 中将其路径设置为 "<%=request.GetContentPath()%>/logindemo/loginServlet"，也可以完成。

2. 用 Servlet 进行身份验证

JSP 可以完成的功能一般 Servlet 都能完成，但是 Servlet 具备的很多功能是 JSP 所不具备的，从使用上来说 Servlet 可以分为简单的 Servlet、过滤 Servlet（过滤器）和监听 Servlet（监听器）3 种。

（1）过滤器的基本概念。

Filter 是 Servlet2.3 之后新增加的功能，当需要限制用户访问某些资源或者处理请求时提前处理某些资源时，可使用过滤器来完成。

过滤器是以组件的形式绑定到 Web 应用程序中的，与其他 Web 应用程序组件不同的是，过滤器采用了"链"的方式进行处理。

在没有使用过滤器以前，客户端都是直接请求 Web 资源的，但是一旦加入了过滤器，所有的请求都是先交给过滤器处理，然后再访问相应的 Web 资源，可以达到某些资源的访问限制。

（2）实现过滤器。

在 Servlet 中，如果要定义一个过滤器，则直接让一个类实现 javax.servlet.Filter 接口即可，此接口定义了 3 种操作方法，如表 3-7 所示。

表 3-7 Filter 接口定义的方法

序号	方法	描述
1	public void init(FilterConfig) throws ServletException	过滤器初始化时调用（容器启动时初始化），可以通过 FilterConfig 取得配置的初始化参数
2	public void doFilter(ServletRequest request,ServletResponse response,FilterChain chain) throws IOException,Servlet Exception	完成具体的过滤操作,然后通过 FilterChain 让请求继续向下传递
3	public void destroy()	过滤器销毁时使用

在表 3-7 所示的 3 种方法中，最需要注意的是 doFilter()方法，在此方法中定义了 ServletRequest、ServletResponse、FilterChain 3 个参数，前两个参数的设置使过滤器可以完成对任意协议的过滤操作。FilterChain 接口的主要作用是将用户的请求向下传递给其他过滤器或者是 Servlet。

在 FilterChain 接口中依然定义了一个同样的 doFilter()方法，只是因为在一个过滤器后面可能存在着另一个过滤器，也可能是请求的最终目标（Servlet），这样就通过 FilterChain 形成了一个"过滤链"的操作。

3. 用监听实现在线人数统计

第 3 种 Servlet 程序称为监听 Servlet，主要功能是负责监听 Web 的各种操作，当相关的事件触发之后将产生事件，并对此事件进行处理，在 Web 中可以对 Applicatiom、Session、Request 3 种操作进行监听。

（1）对 Application 进行监听。

对 Application 进行监听，实际上就是对 ServletContext(Servlet 上下文)进行监听，主要使用 ServletContextListener 和 ServletContextAttributeListener 两个接口。

● 上下文状态监听

对 Servlet 上下文状态进行监听可以使用 javax.servlet.ServletContextListener 接口，此接口定义方法如表 3-8 所示。

表 3-8 ServletCintextListener 接口定义的方法

序号	方法	描述
1	public void contextInitialized(ServletContextEvent sce)	容器启动时调用
2	public void contextDestroyed(ServletContextEvent sce)	容器销毁时调用

在上下文状态监听操作中，一旦触发了 ServletContextListener 接口中定义的事件之后，可以通过对 ServletContextEvent 进行事件处理，此事件定义的方法如表 3-9 所示。

表 3-9 ServletContextEvent 事件定义方法

序号	方法	描述
1	public ServletContext getServletContext()	取得 ServletContext 对象

- 上下文属性监听

ServletContextAttributeListener 接口用于监听 Web 应用属于改变的事件，包括增加属性、删除属性、修改属性，监听器类需要实现该接口。此接口定义的方法如表 3-10 所示。

表 3-10 ServletContextAttributeListener 接口定义方法

序号	方法	描述
1	public void attributeReAdded (Servlet ContextAttributeEvent e)	增加属性时调用
2	public void attributeRemoved (Servlet ContextAttributeEvent e)	删除属性时调用
3	public void attributeReplaced (Servlet ContextAttributeEvent e)	重置属性时调用

在对上下文属性进行监听的操作中，一旦触发了 ServletContextListener 接口定义的事件，可以通过 ServletContextEvent 进行事件的处理，此事件定义的方法如表 3-11 所示。

表 3-11 ServletContextEvent 事件定义方法

序号	方法	描述
1	public String getName()	取得设置的属性名称
2	public void getValue()	取得设置属性的内容

（2）HTTP 会话监听（对 Session 进行监听）。

在监听器中，针对 Session 的监听操作主要使用 HttpSessionListener、HttpSessionAttributeListener、HttpSessionBindingListener 接口来实现。

- Session 状态监听

HttpSessionListener 接口主要用于对创建和销毁 Session 的操作进行监听。该接口定义的方法如表 3-12 所示。

表 3-12 HttpSessionListener 接口定义方法

序号	方法	描述
1	public void sessionCreated（HttpSessionEvent e）	Session 创建时调用
2	public void sessiondestroyed（HttpSessionEvent e）	Session 销毁时调用

当 Session 创建或销毁时，将产生 HttpSessionEvent 事件，此事件定义的方法如表 3-13 所示。

表 3-13 HttpSessionEvent 事件定义方法

序号	方法	描述
1	public void getSession()	取得当前的 Session

- Session 属性监听

HttpSessionAttributeListener 接口主要用于对 Session 属性操作进行监听。该接口定义的方法如表 3-14 所示。

表 3-14 HttpSessionAttributeListener 接口定义方法

序号	方法	描述
1	public void attributeReAdded (HttpSessionBindingEvent e)	增加属性时调用
2	public void attributeRemoved (HttpSessionBindingEvent e)	删除属性时调用
3	public void attributeReplaced (HttpSessionBindingEvent e)	替换属性时调用

当对 Session 进行属性操作时，将会产生 HttpSessionBindingEvent 事件，并调用监听器中相应的方法。HttpSessionBindingEvent 事件定义的方法如表 3-15 所示。

表 3-15 HttpSessionBindingEvent 事件定义方法

序号	方法	描述
1	public HttpSession getSession()	取得当前的 Session
2	public String getName()	取得设置的属性名称
3	public Object getValue()	取得设置的属性内容

（3）Servlet 请求监听（对 Request 进行监听）。

在监听器中，针对 Request 的监听器操作主要使用 ServletRequestListener、ServletRequestAttributeListener 接口来实现。

- ServletRequestListener 接口。该接口与 ServletContextListener 接口类似，也提供了两个方法，只需要将 ServletContext 改为 ServletRequest 即可。
- ServletRequestAttributeListener 接口。该接口与 ServletContextAttributeListener 接口类似，也提供了 3 个方法，只需要将 ServletContext 改为 ServletRequest 即可。

4. 设计购物车

让我们回忆去商场购物的场景：每个顾客拥有一辆购物车，以便放入商品；再去收银台结账之前，每个顾客选择的商品会放在一个购物车里，结账时，收银员根据顾客所选商品的价格和数量结算总价格。在电子购物系统中，我们依然采用相同的方法，用户在登录后，根据其用户编号拥有一辆购物车，对于用户所选购的商品，则标注其单价、数量及该商品所在的购物车。这些对象在数据库中都有相对应的表，用户在每次登录时都能看到上一次操作时没有生成订单的但仍然在购物车里的商品。用户可对购物车中的商品进行更改数量、删除等操作，我们把这些操作封装成为购物车操作类。

5. 添加商品到购物车

用户在购买商品时，存在以下几种情况。

（1）用户已经有了一辆购物车（购物车内有商品，但尚未结账），则直接把所选商品添加到购物车中，添加时，如果所选商品在购物车内已经存在，则只改变已有商品的数量；如果不存在，则新增商品。

（2）用户没有购物车，则新建购物车，并把所选商品添加到购物车中。这些工作由 Servlet 完成，为了操作方便，将购物车中商品的添加、更改、删除等操作封装到一个业务类里，即 "cartManage.java"。在 Servlet 中，直接调用该业务类的方法。

6. 查看购物车商品列表

我们已经知道，每个用户登录后，将拥有一辆购物车(car.java)，对于该用户选购的商品，在 cartSelectedmer.java 中封装商品信息和购物车的信息，同时，用户在进行购物操作时，程序会同时操作保存到数据库中的数据。那么，要显示指定用户的购物车商品列表，只需要根据用户的 ID 找到该用户尚未结账（carStatus=0）的购物车，根据购物车的编号（cartID，在 cartSelectedmer 表中查询该购物车的所有商品，并把商品信息放到 list 集合中。

在 cartServlet 中，读取 list 集合的内容，根据商品编号，结合商品的详细信息(Pojo.Java)，得到新的 list 集合，并写入 Request 的属性 result 中。在显示页面上读取 Request 的 result 属性，显示所选商品的详细信息。

任务实施

步骤一：创建、配置、调用一个 Servlet，并读取表单数据。

1. 创建一个 Servlet

（1）新建 Web Project，项目名称为"chap05"，Content root URL 为"/chap05"。
（2）在项目的 src 文件夹上单击鼠标右键，新建包，命名为"src"。
（3）在包"src"上单击鼠标右键，新建"Servet"，如图 3-8 所示。
（4）输入 Servlet 名称，选择超类"javax.servlet.http.HttpServlet"，并选中"Create doGet"和"doPost"两个复选框，单击"Next"按钮。

图 3-8 输入 Servlet 名称、超类和选择方法

（5）Servlet 创建成功，编写代码，在网页上输入"一个简单的 servlet"。

```java
import java.io.IOException;
import java.io.PrintWriter;
import javax.servlet.ServletException;
import javax.servlet.http.HttpServlet;
import javax.servlet.http.HttpServletRequest;
import javax.servlet.http.HttpServletResponse;
public class FirstServlet extends HttpServlet {
    public void doGet(HttpServletRequest request, HttpServletResponse response)
            throws ServletException, IOException {
        response.setContentType("text/html");
        response.setCharacterEncoding("utf-8");
        PrintWriter out = response.getWriter();
        out.println("<!DOCTYPE HTML PUBLIC \"-//W3C//DTD HTML 4.01 Transitional //EN\">");
        out.println("<HTML>");
        out.println("  <HEAD><TITLE>简单 Servlet</TITLE></HEAD>");
        out.println("  <BODY>");
        out.print("    This is ");
        out.print(this.getClass());
        out.println(", 一个简单的 servlet");
        out.println("  </BODY>");
        out.println("</HTML>");
        out.flush();
        out.close();
    }
    public void doPost(HttpServletRequest request, HttpServletResponse response)
            throws ServletException, IOException {
        response.setContentType("text/html");
        PrintWriter out = response.getWriter();
        out.println("<!DOCTYPE HTML PUBLIC \"-//W3C//DTD HTML 4.01 Transitional //EN\">");
        out.println("<HTML>");
        out.println("  <HEAD><TITLE>A Servlet</TITLE></HEAD>");
        out.println("  <BODY>");
        out.print("    This is ");
        out.print(this.getClass());
        out.println(", using the POST method");
        out.println("  </BODY>");
        out.println("</HTML>");
        out.flush();
        out.close();
    }
}
```

2. 配置、调用一个 Servlet
（1）打开 web.xml 文件。

在使用 MyEclipse 创建 Web 项目时，MyEclipse 会为我们创建一个 web.xml 文件。我们称之为部署文件。该文件在程序运行 Servlet 时起到"总调度"的作用，会告诉容器如何运行 Servlet 和 JSP 文件。

如图 3-9 所示，在"WebRoot"→"WEB-INF"文件夹下，找到"web.xml"文件，单

击鼠标右键，打开该文件。

图 3-9 打开 web.xml 文件

（2）配置 web.xml 文件。

web.xml 文件的内容如下所示。

```xml
<?xml version="1.0" encoding="UTF-8"?>
<web-app xmlns:xsi="http://www.w3.org/2001/XMLSchema-instance" xmlns="http://java.sun.com/xml/ns/javaee"    xmlns:web="http://java.sun.com/xml/ns/javaee/web-app_2_5.xsd" xsi:schemaLocation="http://java.sun.com/xml/ns/javaee http://java.sun.com/xml/ns/javaee/web-app_3_0.xsd" id="WebApp_ID" version="3.0">
    <display-name>chap05</display-name>
    <servlet>
      <description>This is the description of my J2EE component</description>
      <display-name>This is the display name of my J2EE component</display-name>
      <servlet-name>FirstServlet</servlet-name>
      <servlet-class>FirstServlet</servlet-class>
    </servlet>
    <servlet-mapping>
      <servlet-name>FirstServlet</servlet-name>
      <url-pattern>/servlet/FirstServlet</url-pattern>
    </servlet-mapping>
</web-app>
```

程序说明：当客户端发送一个请求 URL 指定到<servlet-mapping>中的<url-pattern>值的时候，容器会根据相应的<servlet-name>值，在<servlet>元素范围内查找<servlet-name>对应的<servlet-class>类，然后去执行该类的 doGet()方法或者 doPost()方法。

（3）部署项目。

跟我们之前学习 JSP 时一样，在 MyEclipse 的工具栏中选择部署工具，将我们的项目部署到 Tomcat 的 webapp 文件夹下。

（4）重启 Tomcat 服务。

在 Servlet 和 web.xml 文件被修改后，要重新启动 Tomcat 服务器，新的配置才能起作用。

（5）在浏览器中运行程序。

在 IE 的地址栏中输入"http://localhost:8080/chap05/FirstServlet"，运行结果如图 3-10 所示。

图 3-10 FirstServlet 的运行结果

3. 读取表单数据

（1）新建登录表单——login.html。

```html
<!DOCTYPE HTML PUBLIC "-//W3C//DTD HTML 4.0//EN">
<html>
  <head>
    <title>login.html</title>
  </head>
  <body>
    <form action="loginServlet" method="post" name="loginForm">
    账号：
    <input type="text" name="account"/><br/>
    密码：
    <input type="password" name="password"/><br/>
    <input type="submit" value="登录"/>
    <input type="reset" value="重置"/>
    </form>
  </body>
</html>
```

程序说明：在提交表单时，会提交到 LoginServlet 路径上，由于此时表单使用的提交方法是 Get，因此在编写 Servlet 程序中会使用 doGet()方法。

（2）编写成功页面和失败页面。

① 登录成功页面 success.html，页面效果如图 3-11 所示。

```html
<!DOCTYPE HTML PUBLIC "-//W3C//DTD HTML 4.0//EN">
<html>
  <head>
    <title>success</title>
  </head>
  <body>
    恭喜你登录成功！ <br>
  </body>
</html>
```

② 登录失败页面 failure.html，代码如下所示。

```html
<!DOCTYPE HTML PUBLIC "-//W3C//DTD HTML 4.0//EN">
<html>
  <head>
    <title>fail</title>
  </head>
```

```
<body>
    账号或密码错误 <br>
</body>
</html>
```

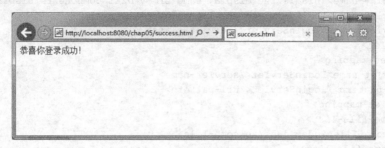

图3-11 登录成功页面

（3）编写读取表单数据并进行处理，跳转到 Servlet 类型文件 LoginServlet.java。

在项目 src 文件夹下，创建 Servlet，命名为"LoginServlet"，并且选中 doGet()及 doPost()两个方法。

```
import java.io.IOException;
import java.io.PrintWriter;
import javax.servlet.ServletException;
import javax.servlet.http.HttpServlet;
import javax.servlet.http.HttpServletRequest;
import javax.servlet.http.HttpServletResponse;
public class LoginServlet extends HttpServlet {
    public void doGet(HttpServletRequest request, HttpServletResponse response)
            throws ServletException, IOException {
        String account = request.getParameter("account");
        String password = request.getParameter("password");
        if(account.equals("666")&&password.equals("888")){
            response.sendRedirect("success.html");
        }else{
            response.sendRedirect("fail.html");
        }
    }
    public void doPost(HttpServletRequest request, HttpServletResponse response)
            throws ServletException, IOException {
        this.doGet(request, response);
    }
}
```

程序说明：表单提交方式有两种，相应的在 Servlet 中也提供了两种接受请求的方法，但是如何保证提交的方法和接收的方法永远都能对应上呢？直接的方法就是把处理代码都写在 doGet()中，在 doPost()方法中调用 doGet()，这样就能确保无论客户端使用什么方法提交申请，程序都能正确接收到数据。

（4）配置 web.xml。

```
<?xml version="1.0" encoding="UTF-8"?>
<web-app version="2.5"
    xmlns="http://java.sun.com/xml/ns/javaee"
    xmlns:xsi="http://www.w3.org/2001/XMLSchema-instance"
    xsi:schemaLocation="http://java.sun.com/xml/ns/javaee
```

```xml
      http://java.sun.com/xml/ns/javaee/web-app_2_5.xsd">
<display-name></display-name>
<servlet>
  <description>This is the description of my J2EE component</description>
  <display-name>This is the display name of my J2EE component</display-name>
  <servlet-name>LoginServlet</servlet-name>
  <servlet-class>LoginServlet</servlet-class>
</servlet>
<servlet-mapping>
  <servlet-name>LoginServlet</servlet-name>
  <url-pattern>/loginServlet</url-pattern>
</servlet-mapping>
<welcome-file-list>
  <welcome-file>index.jsp</welcome-file>
</welcome-file-list>
</web-app>
```

在配置 LoginServlet 时，可以发现<url-pattern>配置成了"/chap05/loginServlet"，这样配置是因为 login.html 页面保存在了 chap05 文件夹下，而 login.html 中表单的 action 设置的是 LoginServlet，那么要想进行正确访问，则路径必须对应上，否则就会出现文件找不到的错误。

步骤二：用 Servlet 进行身份验证

1. 新建过滤器

在项目 chap05 中，在 src 下新建包"filter"，在该包中新建类"LoginFilter"，在新建类的窗口中，设置该类要实现的接口为 Filter，代码如下所示。

```java
package filter;
import java.io.IOException;
import javax.servlet.Filter;
import javax.servlet.FilterChain;
import javax.servlet.FilterConfig;
import javax.servlet.ServletException;
import javax.servlet.ServletRequest;
import javax.servlet.ServletResponse;
import javax.servlet.http.HttpServletRequest;
import javax.servlet.http.HttpSession;
public class LoginFilter implements Filter{
    public void destroy() {
        System.out.println("过滤器销毁！！");
    }
    public void doFilter(ServletRequest req, ServletResponse arg1,
            FilterChain arg2) throws IOException, ServletException {
        HttpServletRequest request = (HttpServletRequest) req;
        HttpSession session = request.getSession();
        if(session.getAttribute("account") == null){
            request.getRequestDispatcher("/login.html").forward(request, arg1);
        }else{
            arg2.doFilter(req, arg1);
        }
    }
    public void init(FilterConfig config) throws ServletException {
        String initParam = config.getInitParameter("param");
```

```
            System.out.println("初始化！！参数："+initParam);
    }
}
```

本程序中，LoginFilter 类实现了 Filter 接口，所以必须重写 Filter 接口中定义的 3 个方法。Session 本身属于 HTTP 的范畴，但是 doFilter()方法中定义的是 ServletRequest 类型的对象，那么要想取得 Session，则必须向下转型，将 ServletRequest 变为 HttpServletRequest 接口对象，才能通过 getSession()方法取得 Session 对象。在前面我们讲过 LoginServlet 中，如果要设置 Session，也要按这个方法进行。

```
HttpServletRequest req = (HttpServletRequest) request;
HttpSession ses = req.getSession();
```

2. 配置 web.xml

过滤器创建完成后，会在容器启动时自动加载，要想正确加载，需要在 web.xml 文件进行正确配置。配置 web.xml 文件的代码如下所示。

```xml
<?xml version="1.0" encoding="UTF-8"?>
<web-app version="2.5"
    xmlns="http://java.sun.com/xml/ns/javaee"
    xmlns:xsi="http://www.w3.org/2001/XMLSchema-instance"
    xsi:schemaLocation="http://java.sun.com/xml/ns/javaee
    http://java.sun.com/xml/ns/javaee/web-app_2_5.xsd">
  <display-name></display-name>
  <servlet>
    <description>This is the description of my J2EE component</description>
    <display-name>This is the display name of my J2EE component</display-name>
    <servlet-name>LoginServlet</servlet-name>
    <servlet-class>LoginServlet</servlet-class>
  </servlet>
  <servlet-mapping>
    <servlet-name>LoginServlet</servlet-name>
    <url-pattern>/loginServlet</url-pattern>
  </servlet-mapping>
  <filter>
    <filter-name>loginFilter</filter-name>
    <filter-class>filter.LoginFilter</filter-class>
  </filter>
  <filter-mapping>
    <filter-name>loginFilter</filter-name>
    <url-pattern>/test/*</url-pattern>
  </filter-mapping>
  <welcome-file-list>
    <welcome-file>index.jsp</welcome-file>
  </welcome-file-list>
</web-app>
```

从上述程序可以看出，过滤器的配置与 Servlet 的配置样式非常相似，但要注意的是，这里的<url-pattern>表示一个过滤器的过滤位置，"/test/*"表示对 test 文件夹下的所有文件进行过滤，如果是 "/*"，则表示对于根目录下的一切操作都需要过滤。可以设置多个过滤位置，但是要注意，供用户进行登录的页面不能包含在过滤页中，否则，用户将无法进行登录。

3. 测试过滤器

在前面的 LoginServlet.java 中，获取用户输入的数据后，如果是正确的用户名和密码，则获取 Session。

```
         if(account.equals("666")&&password.equals("888")){
                response.sendRedirect("success.html");
          }else{
                response.sendRedirect("fail.html");
          }
```

在 WebRoot 下面新建文件夹"test",在"test"中新建 jsp 文件"testFilter"。

在浏览器中输入"http://localhost:8080/chap05/test/testFilter",运行界面如图 3-12 所示,说明过滤器发挥了用户身份验证的作用。

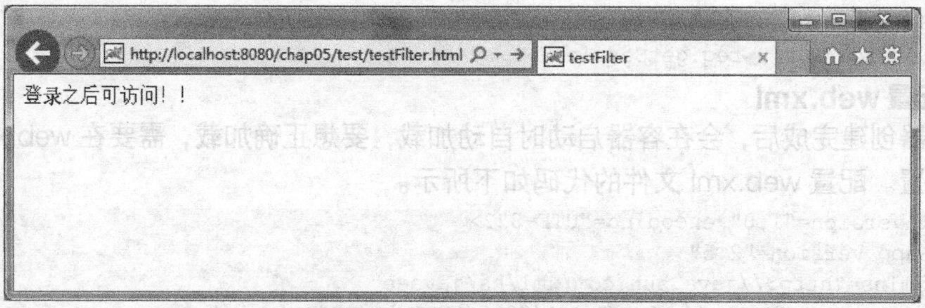

(a)验证过滤器,没有登录前,跳转到登录界面

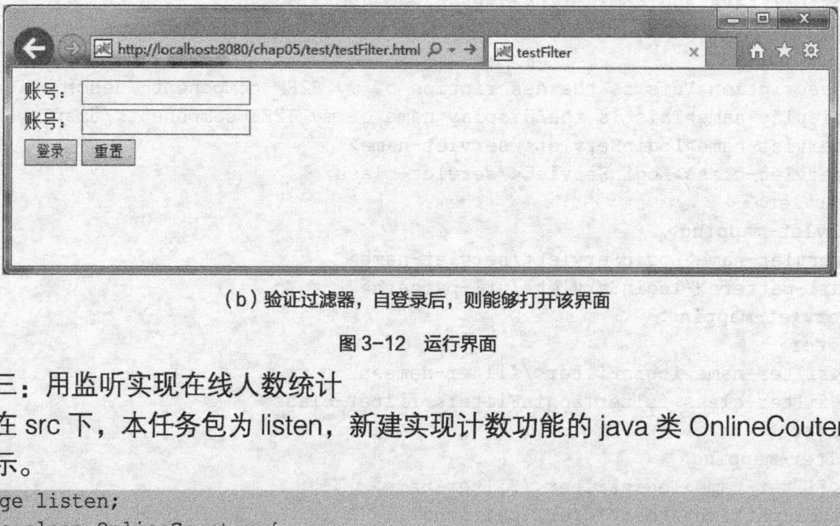

(b)验证过滤器,自登录后,则能够打开该界面

图 3-12 运行界面

步骤三:用监听实现在线人数统计

(1)在 src 下,本任务包为 listen,新建实现计数功能的 java 类 OnlineCouter.java,代码如下所示。

```
package listen;
public class OnlineCounter {
    private static long num = 0;
    public static long getNum(){
        return num;
    }
    public static void in(){
        num++;
    }
    public static void out(){
        num--;
    }
}
```

(2)新建类 OnlineCounterLister.java,该类实现 HttpSessionListener 接口,在重写的

方法 sessionCreated 中调用 OnlineCounter 类的 in()方法，使增加会话时，在线人数增一，在重写的方法 sessionDestoryed 中调用 out()方法，使移除会话时，在线人数减一，代码如下所示。

```java
package listen;
import javax.servlet.ServletContextEvent;
import javax.servlet.ServletContextListener;
public class OnlineCounterListener implements ServletContextListener{
    public void contextDestroyed(ServletContextEvent sce) {
        OnlineCounter.in();
    }
    public void contextInitialized(ServletContextEvent sce) {
        OnlineCounter.out();
    }
}
```

（3）配置 web.xml 文件，将 OnlineCounterListener 监听类注册到网站应用中，在项目的 web.xml 文件中添加如下内容。

```xml
<?xml version="1.0" encoding="UTF-8"?>
<web-app version="2.5"
    xmlns="http://java.sun.com/xml/ns/javaee"
    xmlns:xsi="http://www.w3.org/2001/XMLSchema-instance"
    xsi:schemaLocation="http://java.sun.com/xml/ns/javaee
    http://java.sun.com/xml/ns/javaee/web-app_2_5.xsd">
  <display-name></display-name>
  <listener>
    <listener-class>listen.ServletContextListener</listener-class>
  </listener>
  <listener>
    <listener-class>listen.OnlineCounterListener</listener-class>
  </listener>
  <servlet>
    <description>This is the description of my J2EE component</description>
    <display-name>This is the display name of my J2EE component</display-name>
    <servlet-name>LoginServlet</servlet-name>
    <servlet-class>LoginServlet</servlet-class>
  </servlet>
  <servlet-mapping>
    <servlet-name>LoginServlet</servlet-name>
    <url-pattern>/loginServlet</url-pattern>
  </servlet-mapping>
  <filter>
    <filter-name>loginFilter</filter-name>
    <filter-class>filter.LoginFilter</filter-class>
  </filter>
  <filter-mapping>
    <filter-name>loginFilter</filter-name>
    <url-pattern>/test/*</url-pattern>
  </filter-mapping>
  <welcome-file-list>
    <welcome-file>index.jsp</welcome-file>
  </welcome-file-list>
</web-app>
```

(4)在 WebRoot 中的 test 文件夹中编写测试监听类的 JSP 文件 counter.jsp。

```jsp
<%@ page language="java" import="java.util.*,listen.*" pageEncoding="UTF-8"%>
<!DOCTYPE HTML PUBLIC "-//W3C//DTD HTML 4.01 Transitional//EN">
<html>
  <head>
    <title>在线人数计数器</title>
  </head>
  <body>
    <h1>当前在线人数:<%=OnlineCounter.getNum()%></h1><br>
  </body>
</html>
```

(5)启动服务器 Tomcat,在浏览器的地址栏中输入 http://localhost:8080/test/counter.jsp,连续两次打开浏览器后,程序运行的界面如图 3-13 所示,说明监听器发挥了监听的作用。

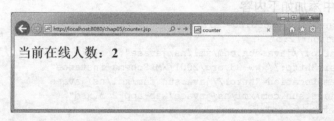

图 3-13 使用监听器实现在线人数统计

步骤四:设计购物车

对应数据库中 GoodsPoJo 表的字段和类型,对电子购物商城中的实体对象——购物车进行设计。

GoodsPoJo.java 代码如下所示。

```java
public class GoodsPoJo {
    private int id;
    private String name;
    private double price;
    private int number;
    public int getId() {
        return id;
    }
    public void setId(int id) {
        this.id = id;
    }
    public String getName() {
        return name;
    }
    public void setName(String name) {
        this.name = name;
    }
    public double getPrice() {
        return price;
    }
    public void setPrice(double price) {
```

```java
            this.price = price;
        }
        public int getNumber() {
            return number;
        }
        public void setNumber(int number) {
            this.number = number;
        }
        public GoodsPoJo(int id, String name, double price, int number) {
            super();
            this.id = id;
            this.name = name;
            this.price = price;
            this.number = number;
        }
        public GoodsPoJo() {
            super();
        }
    }
```

步骤五：添加商品到购物车

在网上商城项目的 src 下，新建包"servlet"，在该包下，新建类"BasketServlet.Java"，该类封装了商城的业务。程序代码如下所示。

```java
    package servlet;
    import java.io.IOException;
    import java.io.PrintWriter;
    import java.util.*;
    import javax.servlet.ServletException;
    import javax.servlet.http.HttpServlet;
    import javax.servlet.http.HttpServletRequest;
    import javax.servlet.http.HttpServletResponse;
    import po.GoodsPoJo;
    public class BasketServlet extends HttpServlet {
        public void doGet(HttpServletRequest request, HttpServletResponse response)
                throws ServletException, IOException {
            int id = Integer.parseInt(request.getParameter("id"));
            Map<Integer,GoodsPoJo>   basket   =   (Map<Integer,GoodsPoJo>)request.getSession().getAttribute("basket");
            if( null == basket ){
                basket = new HashMap<Integer,GoodsPoJo>();
            }
            GoodsPoJo g = basket.get(id);
            if(g==null){
                GoodsPoJo gg = goods.get(id);
                g = new GoodsPoJo(gg.getId(),gg.getName(),gg.getPrice(),1);
            }else{
                g.setNumber(g.getNumber()+1);
            }
            basket.put(id, g);
            request.getSession().setAttribute("basket", basket);
            request.getRequestDispatcher("GoodsList.jsp").forward(request, response);
        }
```

```java
    public void doPost(HttpServletRequest request, HttpServletResponse response)
            throws ServletException, IOException {
        this.doGet(request, response);
    }
    List<GoodsPoJo> goods = new ArrayList<GoodsPoJo>();
    {
        goods.add(    new GoodsPoJo(1,"杜比环绕",5999,1));
        goods.add(    new GoodsPoJo(1,"极品显卡",3999,1));
        goods.add(    new GoodsPoJo(1,"等离子电视",10999,3));
        goods.add(    new GoodsPoJo(1,"索尼家用最新款笔记本",2000,1));
    }
}
```

步骤六：查看购物车商品列表

打开包 servlet，新建类 jiezhangServlet.java，在该类中写入结账功能方法，代码如下所示。

```java
package servlet;
import java.io.IOException;
import java.io.PrintWriter;
import javax.servlet.ServletException;
import javax.servlet.http.HttpServlet;
import javax.servlet.http.HttpServletRequest;
import javax.servlet.http.HttpServletResponse;
public class jiezhangServlet extends HttpServlet {
    public void doGet(HttpServletRequest request, HttpServletResponse response)
            throws ServletException, IOException {
        request.getSession().invalidate();
        request.getRequestDispatcher("GoodsList.jsp").forward(request, response);
    }
    public void doPost(HttpServletRequest request, HttpServletResponse response)
            throws ServletException, IOException {
        this.doGet(request, response);
    }
}
```

任务三 用 JavaBean 完成客户留言功能

任务描述

在电子购物系统中，实现用户登录验证、发表留言、显示留言等功能，该任务的具体要求如下。

- 用 JavaBean 实现获取用户名及密码。
- 用 JavaBean 实现用户登录验证。
- 用 JavaBean 封装留言操作。
- 实现客户发表留言、显示留言的功能。

任务解析

（1）可以通过标准动作<jsp:useBean>取得 SimpleBean 的实例。

（2）JavaBean 最大的特点就在于与表单的交互上，通过登录验证程序来掌握 JavaBean 与表单的交互。

（3）先使用 JavaBean 的 getter 和 settter 方法封装数据，再创建封装留言操作的 JavaBean–MemberLeaveManger.java。

（4）客户留言模块的主要功能有发表留言、显示留言。第（3）步中已经创建了封装留言数据和封装留言操作的 JavaBean，在该任务中，将结合前面学过的 Servlet 完成客户留言功能。

知识引入

1. 操作 JavaBean 的动作元素

（1）JavaBean 简介。

Java EE 是基于组件开发的。JavaBean 是使用 Java 语言开发的一个可重用的组件，在 JSP 的开发中可以使用 JavaBean 减少重复代码，使整个 JSP 代码的开发更简洁。JavaBean 通过提供符合一致性设计模式的公共方法使内部域的成员属性暴露。众所周知，属性名称符合这种模式，其他 Java 类可以通过自身机制发现和操作这些 JavaBean 的属性。

用户可以使用 JavaBean 将功能、处理、值、数据库访问和其他任何可以用 Java 代码创造的对象进行打包，并且其他的开发者可以通过内部的 JSP 页面、Servlet、其他 JavaBean、applet 程序或者应用来使用这些对象。用户可以认为 JavaBean 提供了一种随时随地地复制和粘贴的功能，而不用关心任何改变。

JSP 搭配 JavaBean 来使用，有以下的优点。

- 可将 HTML 和 Java 代码分离，这主要是为了日后方便维护。如果把所有的程序代码（HTML 和 Java）写到 JSP 页面中，会使整个程序代码又多又复杂，造成日后维护上的困难。
- 可利用 JavaBean 的优点，将常用的程序写成 JavaBean 组件，当要在 JSP 中使用时，只要调用 JavaBean 组件来执行用户所需要的功能即可，不用再重复写相同的程序，这样可以节省开发所需要的时间。

JavaBean 类实际上就是一个 Java 类，这个类可以重用。JavaBean 传统的应用是在可视化领域，自从 JSP 诞生后，JavaBean 更多地应用在非可视化领域。在服务器端应用中表现出越来越强的生命力。非可视化的 JavaBean 也就没有 GUI 的 JavaBean，在 JSP 程序中常用来封装事物逻辑、数据库操作等，可以很好地实现业务逻辑和前台程序（如 JSP 文件）的分离，使系统具有更好的健壮性和灵活性。JavaBean 从功能上可以分为以下两类。

- 封装数据。
- 封装业务。

一个 JavaBean 要满足如下开发要求。

- 所有的类必须放在一个包中，在 Web 中没有包的 JavaBean 是不存在的。
- 所有的类必须声明为 public class，这样才能够被外部所访问。
- 类中所有的属性必须都要封装，即使 private 声明。
- 封装的属性如果需要被外部所操作，则必须编写对应的 setter，getter 方法。
- 一个 JavaBean 中至少存在一个无参构造方法，此为 JSP 中的标签所使用。

（2）<jsp:userBean>操作。

<jsp：userBean>可以定义一个具有一定生存范围以及唯一 ID 的 JavaBean 实例，JSP 页面通过指定的 id 来识别 JavaBean，也可通过 id.method 来调用 JavaBean 中的方法，在执行过程中<jsp:userBean>首先会尝试寻找已经存在的具有相同 ID 的 scope 值的 JavaBean 实例，如果没有，就会自动创建一个新的实例，<jsp:userBean>语法格式如下。

<jsp:userBean id="实例化对象名称" scope="保存范围"class="包.类名称">

在 userBean 中存在以下 3 个属性。

- id：表示实例化对象的名称。
- scope：表示对象保存的范围，一共有 4 种属性范围，分别为 page、request、session、application，各种范围说明如表 3-16 所示。
- class：对象所对应的包.类名称。

表 3-16　userBean 动作的范围选项

序号	范围	说明
1	page	JavaBean 只能在当前页面中使用指定的 JavaBean，当加载新页面时销毁
2	request	在任何执行相同请求的 JSP 文件中都可以使用指定的 JavaBean，直到页面执行完毕向客户端发出响应后转到另一个页面为止
3	session	从创建指定的 JavaBean 开始，能在任何使用相同 session 的 JSP 文件中使用指定的 JavaBean，JavaBean 存在整个 session 生命周期中
4	application	从创建指定的 JavaBean 开始，能在任何使用相同 application 的 JSP 文件中使用指定的 JavaBean，JavaBean 存在整个 application 生命周期中，直到服务器重新启动

2. JavaBean 与表单的交互

前面我们曾经学习过如果有一个表单提交了内容给 JSP，JSP 通过 request.getParameter() 分别接受表单元素的内容，然后设置到 JavaBean 的属性中，如果表单提交的参数很多，则这样的操作会变得非常麻烦，JSP 提供两个标准动作支持 JavaBean 与表单的交互。

（1）设置属性<jsp:setProperty>。

setProperty 动作用于设置 userBean 中指定的 JavaBean 的属性值。setProperty 动作把指定名称，属性，值和参数用于赋予 JavaBean 的属性。setProperty 与表单实现交互。

<jsp:setProperty name="实例化对象的名称（id）"property="propertyName" value="value"param="parameter"/>

其中，name 指定 userBean 中使用的 JavaBean 的 id；property 指定要为之设置的 JavaBean 的属性名称；value 指定要为属性设置的值；param 指定用于输入数据的表单元素的名称，并把表单元素的值赋给属性，property、value、param 这 3 个属性是结合使用的，根据 3 个属性的不同取值，<jsp:setProperty>一共有 4 种使用方法如表 3-17 所示。

表 3-17　<jsp:setProperty>的属性设置

序号	类型	语法格式
1	自动匹配	<jsp:setProperty name="实例化对象的 id" property="*"/>
2	指定属性	<jsp:setProperty name="实例化对象的 id" property="属性名称"/>
3	指定参数	<jsp:setProperty name="实例化对象的 id" property="属性名称"/ param="参数名称">
4	指定内容	<jsp:setProperty name="实例化对象的 id" property="属性名称" value="内容"/>

说明：
- 自动匹配：自动匹配时，实际匹配的是参数名称（这里的参数名称是通过表单空间指定的，如果表单空间的名称与 JavaBean 的属性名称相同，则成为匹配），如果匹配，则系统会自动调用 JavaBean 中的 setter 方法为属性赋值，如果没有找到匹配项，则不改变属性的值，这种用法适合于 HTML 表单中元素的 name 属性值和 JavaBean 中的属性名一致的情况。
- 指定属性：这里的属性名称是 JavaBean 的属性名称，表示只用相同名称的表单空间的值为这个指定的属性赋值。如果找不到相同名称的表单控件，则不赋值。
- 指定参数：这是要同时指定属性和参数，这里的参数是 request 的参数名称，即表单控件的名称，属性仍指的是 JavaBean 的属性名称，此时将用指定的表单控件值为指定的 JavaBean 属性赋值。
- 指定内容：如果要将一个具体的内容设置给JavaBean的指定属性，则直接使用value即可，要注意，value 和 param 是不能共存的。

（2）取得属性<jsp:setProperty>。

<jsp:setProperty>动作会自动调用 JavaBean 的 getter 方法，得到 JavaBean 实例的属性值并将其转化为 java.lang.String 放置在隐含的 out 对象中。<jsp:setProperty>语法如下：

<jsp:setProperty name="实例化对象的名称（id）"property="属性名称">

其中，name 属性代表了想要获取属性值的 JavaBean 的实例，JavaBean 实例必须在前面的<jsp:setProperty>中定义过。Property 代表了想要获得属性值的属性的名称。

3. 使用 JavaBean 封装客户留言数据操作

客户留言时需要的信息有发表留言的客户名称、留言日期、留言标题、留言内容，以及管理员的回复时间、回复内容。电子购物商城数据库的设计可以参照项目一中数据库的设计，设计和创建电子购物系统数据库用户留言功能中用到的是 leaveword 表结构，如表 3–18 所示。设计表后，就可以用 JavaBean 封装客户留言数据。

表 3-18　客户留言表 leaveword 的结构

序号	字段名称	数据类型	说明
1	id	int	编号
2	Member	int	客户编号
3	Admin	int	管理员编号
4	Title	Varchar(50)	留言标题
5	Content	text	留言内容
6	leaveDate	datetime	发表留言日期
7	AnswerContent	text	回复内容
8	AnswerDate	datetime	回复时间

我们在前面已经提到过，JavaBean 从功能上可以分为封装业务和封装数据两类。一个封装数据的 JavaBean 一般情况下对应着数据库内的一张表，JavaBean 的属性与字段属性意义对应。同样，相对于一个封装数据的 JavaBean，都会有一个封装该类的业务逻辑和业务操作的 JavaBean 与之相对应。而通常情况下，在业务逻辑汇总后对应的封装数据

JavaBean作为方法的参数或者方法的返回值。

要完成的客户留言功能如下。
- 保存客户留言到数据库中。
- 获取保存在数据库中的所有留言。
- 根据编号从数据库中获取指定留言的详细信息。

将完成这些功能的业务逻辑封装在一起,建成一个新的封装业务的 JavaBean——MemberLeavePojo.java。

4. 实现客户留言功能

(1)发表留言。

登录用户能够发表留言,登录用户在页面上输入留言标题和留言内容后提交给 Servlet,Servlet从session中获得登录信息,结合request传递的参数值,封装成为MemberLeavePojo的对象并将该对象作为参数,调用MemberLeavePojo类的保存留言方法 saveleave(),将留言信息保存到数据库中。

(2)分页显示留言。

用户通过首页的"顾客留言"链接进入留言页面时,会根据调用 Servlet 时传递的参数自动换行 Service 中的查看留言方法 seeLeave(),该方法会调用 MemberLeaveManager 类的 allLeave()得到留言集合 List 并将 List 写入 request 对象中,在显示留言的页面上,会从 request 对象获取 List,并将留言信息显示在页面上。

任务实施

步骤一:操作 JavaBean 的动作元素

(1)新建 web Project,项目名为 Shop。

(2)在项目的 src 文件夹上单击鼠标右键,新建包,命名为"first"。

(3)在包上单击鼠标右键,新建类,命名为"SimpleBean.java",编写代码如下。

```java
package first;
public class SimpleBean {
    private String username;
    private String password;
    public String getUsername() {
        return username;
    }
    public void setUsername(String username) {
        this.username = username;
    }
    public String getPassword() {
        return password;
    }
    public void setPassword(String password) {
        this.password = password;
    }
    public SimpleBean() {
        super();
    }
    public SimpleBean(String username, String password) {
        super();
```

```
        this.username = username;
        this.password = password;
    }
}
```

（4）在 WebRoot 下面新建文件夹 first，新建 JSP 文件：use_SimpleBean.jsp，在该文件中，我们使用标准动作<jsp:useBean>得到 SimpleBean 的实例，并将其属性显示在页面上，具体代码如下。

```
<%@ page language="java" import="java.util.*" pageEncoding="gbk"%>
<%@ page import="first.SimpleBean" %><!-- 导入SimpleBean -->
<html>
  <head>
    <title>使用javaBean</title>
  </head>
  <jsp:useBean id="simple" scope="page" class="first.SimpleBean"/>
  <%
    simple.setUsername("张三");
    simple.setPassword("123456");
  %>
  <body>
    <h1>用户名：<%=simple.getUsername() %></h1>
    <h1>密 码：<%=simple.getPassword() %></h1>
  </body>
</html>
```

（5）启动 Tomcat 服务器，在浏览器的地址栏中输入 http://localhost:8080/shop/first/use_SimpleBean.jsp，运行结果如图 3-14 所示。

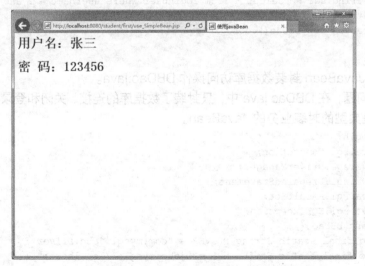

图 3-14 运行结果

步骤二：JavaBean 与表单的交互

（1）在 MySQL 中新建数据库 demo，在该数据库下新建表用户 user，user 表有两个字段，分别是 username 和 password，输入两条数据。

（2）在 Shop 项目中，在 src 里新建包 login，编写进行用户登录处理的 JavaBean 文件

LoginBean.java。

该 JavaBean 封装了用户名和密码，同时封装了用于登录验证的方法 check()，程序代码如下所示。

```java
package login;
public class LoginBean {
    private String username = null;
    private String password = null;
    public String getUsername() {
        return username;
    }
    public void setUsername(String username) {
        this.username = username;
    }
    public String getPassword() {
        return password;
    }
    public void setPassword(String password) {
        this.password = password;
    }
    public LoginBean() {
    }
    public LoginBean(String username, String password) {
        super();
        this.username = username;
        this.password = password;
    }
    public boolean login() {
        String sql = "select * from loginuser where username = ? and password = ?";
        String[] p = new String[]{this.username,this.password};
        return new DBDao().doLogin(sql,p);
    }
}
```

（3）使用 JavaBean 封装数据库访问操作 DBDao.java。

为了简化问题，在 DBDao.java 中，只封装了数据库的连接、关闭和登录查询 3 个操作，DBDao.java 是典型的封装业务的 JavaBean。

```java
package login;
import java.sql.Connection;
import java.sql.DriverManager;
import java.sql.PreparedStatement;
import java.sql.ResultSet;
import java.sql.SQLException;
public class DBDao {
    public final static String DRIVER = "com.mysql.jdbc.Driver";
    public final static String URL = "jdbc:mysql://localhost:" +
            "3306/shop";//url
    public final static String DBNAME = "sa"; //数据库用户名
    public final static String DBPASS = "sa123"; //数据库连接密码
    /**
     * 得到数据库连接
     * @return 返回数据库连接
```

```java
 * @throws ClassNotFoundException
 * @throws SQLException
 */
public Connection getConn() {
    Connection conn = null;
    try {
        Class.forName(DRIVER);  //注册驱动
        conn = DriverManager.getConnection(URL, DBNAME, DBPASS);
    } catch (ClassNotFoundException e) {
        e.printStackTrace();
    } catch (SQLException e) {
        e.printStackTrace();
    }
    return conn;
}

/**
 * 关闭 conn 连接
 * @param conn
 */
public void close(Connection conn) {
    try {
        if (conn != null) {
            conn.close();
            conn = null;
        }
    } catch (SQLException e) {
        e.printStackTrace();
    }
}

/**
 * 释放 pstmt
 * @param pstmt
 */
public void close(PreparedStatement pstmt) {
    try {
        if (pstmt != null) {
            pstmt.close();
            pstmt = null;
        }
    } catch (SQLException e) {
        e.printStackTrace();
    }
}
/**
 * 关闭结果集
 * @param rs
 */
public void close(ResultSet rs) {
    try {
        if (rs != null) {
            rs.close();
            rs = null;
        }
    } catch (SQLException e) {
```

```java
            e.printStackTrace();
        }
    }
    /**
     * 执行SQL语句,查询
     * @param sql 预编译的SQL语句
     * @param params 预编译的SQL语句中的'?'参数的字符串数组
     * @return 是否查到结果
     */
    public boolean doLogin(String sql, String[] params) {
        Connection conn = null;
        PreparedStatement pstmt = null;
        ResultSet rs = null;
        int num = 0;
        boolean flag = false;
        try {
            conn = this.getConn();
            pstmt = conn.prepareStatement(sql);

            if (params != null && params.length > 0) {
                for (int i = 0; i < params.length; i++) {
                    pstmt.setString(i + 1, params[i]);
                }
            }
            rs = pstmt.executeQuery();
            if (rs.next()) {
                flag = true;
            }
        } catch (SQLException e) {
            e.printStackTrace();
        } finally {
            this.close(rs);
            this.close(pstmt);
            this.close(conn);
        }
        return flag;
    }
}
```

(4)在 WebRoot 下面新建文件夹 login,新建用户登录的 HTML 页面 login.html,代码如下所示。

```jsp
<%@ page language="java" import="java.util.*" pageEncoding="gbk"%>
<html>
  <head>
    <title>用户登录</title>
    <script type="text/javascript">
    function userLogin() {
        var username = document.getElementById("username");
        if (username.value.length == 0) {
            alert("用户名不能为空,请重新输入");
            username.focus();
            return;
        }
        var password = document.getElementById("password");
        if (password.value.length == 0) {
```

```
                    alert("密码不能为空,请重新输入");
                    password.focus();
                    return;
                }
            }
        </script>
    </head>
    <body>
        <form name="form1" id="form1" onsubmit="login()" method="post"
            action="jsploginBean.jsp">
            <table>
                <tr>
                    <h1><font color="green">用户登录</font></h1>
                </tr>
                <tr>
                    <td>用户名:</td>
                    <td><input name="username" type="text" id="username"></td>
                </tr>
                <tr>
                    <td>密 码:</td>
                    <td><input name="password" type="password" id="password"></td>
                </tr>
                <tr>
                    <td><input type="button" name="submit" value="提交" onclick="user
Login()"></td>
                    <td><input name="reset" type="reset" value="重置"></td>
                </tr>
            </table>
        </form>
    </body>
</html>
```

(5)编写进行登录处理的 JSP 文件 jspLoginBean.jsp,使用<jsp:setProperty>为 LoginBean 的属性赋值,并调用 check 方法,根据验证结果,显示不通的信息。在显示信息时使用<jsp:getProperty>,具体代码如下。

```
<%@ page language="java" import="java.util.*" pageEncoding="gbk"%>
<%@ page import="login.LoginBean" %>
<%
    String username = request.getParameter("username");
    String passwrod = request.getParameter("password");
    LoginBean login = new LoginBean(username, passwrod);
    boolean result = login.login();
%>
<html>
    <head>
    </head>
    <body>
        <%      if (result) {
        %>
            <h2>欢迎你:<%=login.getUsername() %></h2>
        <%
        } else {
        %>
```

```
    <h2>对不起,您的密码输入错误</h2>
<%} %>
</body>
</html>
```

(6)运行程序,验证结果。

启动 Tomcat 服务器,在浏览器的地址栏中输入 http://localhost:8080/shop/first/login.html,用户登录界面如图 3-15 所示。用户输入用户名和密码后,单击"提交"按钮,由 jspLoginBean.jsp 负责用户名和密码的合法性,如果验证成功则界面如图 3-16 所示,如果验证失败则界面如图 3-17 所示。

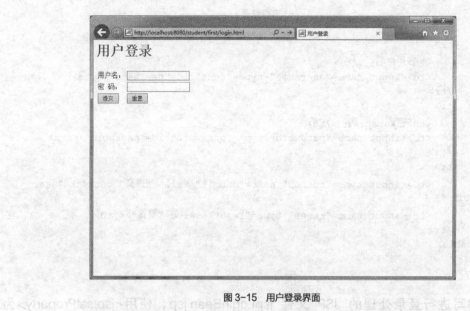

图 3-15 用户登录界面

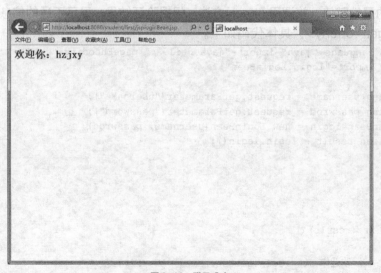

图 3-16 登录成功

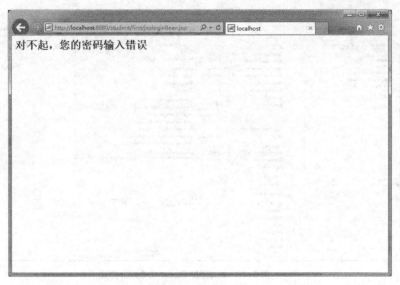

图 3-17 登录失败

步骤三：使用 JavaBean 封装客户留言数据操作

1. 用 Getter 和 Setter 封装客户留言的数据

在 Shop 的 com.pojo 包中，新建 MemberLeavePojo.java 类，类的代码如下所示。

```
package com.pojo;
import java.util.Date;
public class MemberLavePojo {
    private int id;
    private int munber;
    private int admin;
    private String title;
    private String content;
    private Date leavelDate;
    private String answerContent;
    private Date anserDate;
}
```

对于属性的访问方法 Getter 和 Setter 以及构造方法，MyEclipse 提供了方便、快捷的自动生产代码的方法。

在编辑窗口中单击鼠标右键，如图 3-18 所示，在弹出的快捷菜单中选择 Source 下的 Generate Getters and Setters...命令，将会打开图 3-19 所示的 Generate Getters and Setters...窗口，选中所需的属性复选框，单击"OK"按钮后将会为每个属性生成两个公有的访问方法。

同样，在图 3-20 中，如果我们选择"使用字段生成构造函数"的窗口，选中所有的属性复选框，单击"OK"按钮后将会生成有多个参数的构造方法。当然，如果所有的属性不选中，也可以生成无参的构造方法。

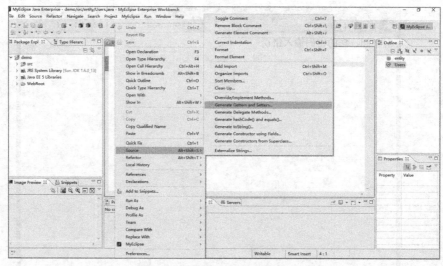

图 3-18 选择添加 Getter 和 Setter 方法

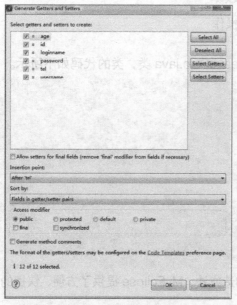

图 3-19 设置 Getter 和 Setter 方法

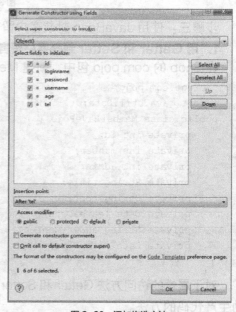

图 3-20 添加构造方法

2. 封装客户留言数据操作

（1）新建包 com.service.memberLeave，在该包下面新建类 MemberLeaveManager.java。

（2）在 MemberLeaveManager.java 类中增加方法 getLeave()，完成根据编号得到留言的内容功能。方法的参数是留存编号，方法的返回值是在本任务中我们完成的封装客户留言数据 JavaBean——MemberLeavePojo 的实例对象，具体代码如下。

```
public MemberLavePojo getLevel(int leaveId) {
    MemberLavePojo leaveal = null;
    Connection conn = null;
    PreparedStatement pstmt = null;
    ResultSet rs = null;
```

```java
        String sql = "select * from leaveword where id = " + leaveId;
        try {
            conn = DBDao.getConn();
            pstmt = conn.prepareStatement(sql);
            rs = pstmt.executeQuery();
            if (rs.next()) {
                int id = rs.getInt("id");
                int munber = rs.getInt("number");
                int admin = rs.getInt("admin");
                String title = rs.getString("title");
                String content = rs.getString("content");
                Timestamp leavelDate = rs.getTimestamp("leavelDate");
                String answerContent = rs.getString("answerContent");
                Timestamp answerDate = rs.getTimestamp("answerDate");
                leavel = new MemberLavePojo(id, munber, admin, title, content,
                        leavelDate, answerContent, answerDate);
            }
        } catch (Exception e) {
            e.printStackTrace();
        } finally {
            DBDao.close(rs);
            DBDao.close(pstmt);
            DBDao.close(conn);
        }
        return leavel;
    }
```

（3）在 MemberLeaveManager.java 类中增加方法 saveLeave()，完成保存客户留言的功能。

```java
    public void saveLeave(MemberLavePojo mp) {
        Connection conn = null;
        PreparedStatement pstmt = null;
        String sql = "insert into leaveword(munber, admin, title, content, leaveDate) values(?,?,?,?,?)";
        try {
            conn = DBDao.getConn();
            pstmt = conn.prepareStatement(sql);
            pstmt.setInt(1, mp.getMunber());
            pstmt.setInt(2, mp.getAdmin());
            pstmt.setString(3, mp.getTitle());
            pstmt.setString(4, mp.getContent());
            pstmt.setTimestamp(5, new Timestamp(new Date().getTime()));
            pstmt.executeUpdate();
        } catch (Exception e) {
            e.printStackTrace();
        } finally {
            DBDao.close(pstmt);
            DBDao.close(conn);
        }
    }
```

（4）在 MemberLeaveManager.java 类中增加方法 allLeave()，完成获取所有留言信息的功能，方法的返回值是 List，具体代码如下。

```java
    public List<MemberLavePojo> searchAllLeave(int pageSize, int pageNo) {
```

```java
            List<MemberLavePojo> list = new ArrayList<MemberLavePojo>();
            MemberLavePojo mp = null;
            String sql = "select * from leaveword limit " + (pageNo - 1) * pageSize + ", " + pageSize;
            Connection conn = null;
            PreparedStatement pstmt = null;
            ResultSet rs = null;
            try {
                conn = DBDao.getConn();
                pstmt = conn.prepareStatement(sql);
                rs = pstmt.executeQuery();
                while (rs.next()) {
                    int id = rs.getInt("id");
                    int munber = rs.getInt("number");
                    int admin = rs.getInt("admin");
                    String title = rs.getString("title");
                    String content = rs.getString("content");
                    Timestamp leavelDate = rs.getTimestamp("leavelDate");
                    String answerContent = rs.getString("answerContent");
                    Timestamp answerDate = rs.getTimestamp("answerDate");
                    mp = new MemberLavePojo(id, munber, admin, title, content,
                            leavelDate, answerContent, answerDate);
                    list.add(mp);
                }
            } catch (Exception e) {
                e.printStackTrace();
            } finally {
                DBDao.close(rs);
                DBDao.close(pstmt);
                DBDao.close(conn);
            }
            return list;
        }
```

步骤四：实现客户留言功能

（1）在 WebRoot 下创建发表留言的页面 buyleave.jsp，如图 3-21 所示。

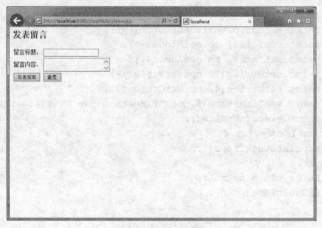

图 3-21 发表留言

（2）在 MemberLeaveServlet 中添加方法 saveMemberLeave()，完成对用户发表留言的保存和显示功能。如果未登录，效果如图 3-22 所示。

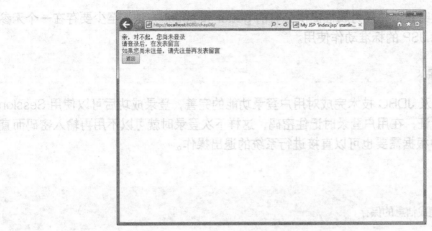

图 3-22 未登录用户提示页面

（3）在 Servlet 中增加显示留言的方法。

项目总结

本项目讲解了 JSP 几种常用内置对象的特点及其使用方法；Servlet 基本结构及主要作用；Servlet 的 MVC 设计模式，具体内容如下。

Request 对象是使用最多的一个内置对象，其主要作用是接收客户端发送而来的请求信息，如请求的参数、发送的头信息等都属于客户端发来的信息。客户端发送参数可以通过表单提交或者是地址重定向。

Response 对象的主要作用是对客户端的请求进行回应，将 Web 服务器处理后的结果发回给客户端。Response 对象可实现客户端跳转。同时，可利用 Response 对象操作 Cookie。

Session 对象是 javax.servlet.http.HttpSession 接口的实例化对象。其最主要的操作仍然是属性操作，主要可以完成用户登录的合法性验证。当一个用户连接到服务器后，服务器会自动为此 Session 分配一个不会重复的 sessionID，服务器依靠这些不同的 sessionID 来区分不同的用户。

Applicaition 对象是 javax.servlet.ServletContext 接口的实例化对象。如果希望设置一个属性可以让所有的用户都能看见，则可以将属性范围设置成 Application，这样属性即可保存在服务器上。

要想实现一个 Servlet，则一定要继承 HttpServlet 类，并根据需要重写该类相应的方法。还需要在 web.xml 文件中配置 Servlet 后才可以使用。

要想实现一个过滤器，则一定要实现 Filter 接口，并重写该接口中的相应方法，所有的过滤器要执行两次，过滤器同样需要在 web.xml 文件中配置，但是配置的路径表示的是过滤路径。

监听器可以完成对 Web 操作的监听，主要监听 Application、Session、Request 的状态和属性改变等操作。

JavaBean 是一个可以重复使用的软件部件，是描述 Java 的软件组件模型，是 Java 类的一种。使用 JavaBean 可以实现代码重用，便于维护和管理。

JavaBean 可以分为两类：封装数据的 JavaBean 和封装操作的 JavaBean，通常情况下，封装操作的 JavaBean 中的方法会以封装数据的 JavaBean 作为参数。

封装数据的 JavaBean 一般会满足以下开发要求：必须放在一个包内，是公有的；类中的所有属性都必须封装,并且为属性提供公有的 getter 和 setter 方法,至少要存在一个无参方法,此方法会为 JSP 的标准动作使用。

 项目拓展训练

1. 使用 JSP 及 JDBC 技术完成对用户登录功能的完善,登录成功后可以使用 Session 进行用户的登录验证,在用户登录时记住密码,这样下次登录时就可以不用再输入密码而直接进行登录,用户根据需要也可以直接进行系统的退出操作。

> **提示**
>
> 可以使用 Cookie 完成信息的保存。

可以让用户选择密码的保存时间,如保存一天、一月、一年或者选择不保存等。

2. 完成用户登录到服务器上后打开所有的产品列表,然后选择将产品添加到购物车中,所有要购买的商品可以在用户的购物车中列出。

> **提示**
>
> 每一个用户都有自己的 Session,所以,所谓的购物车就是将数据暂时保存在 Session 属性范围内,而且要购买的产品是多个,所以必须在 Session 中保存一个集合对象。

3. 编写过滤器,实现编码过滤。

> **提示**
>
> 使用 Servlet 过滤器。

4. 使用监听器实现显示在线人员列表。

> **提示**
>
> 使用 Servlet 监听器。

5. 完成购物车中商品数量的更新功能。

> **提示**
>
> 参照购物车中商品的添加,对数据库进行更新。

6. 完成电子购物系统"客户留言模块"删除留言的功能。

> **提示**
>
> 参照留言功能,对留言数据库进行删除。

Chapter 4

项目四
部署 MVC 模式的电子购物系统

本项目对电子购物系统进行完善，基于电子购物系统 MVC 模式的设计与实现，包括使用验证码实现用户的登录、在登录和注册中使用 DES 加密、静态部署 Web 应用、动态部署 Web 应用，讲解 MVC 模式、DES 技术。

学习目标

- 掌握 MVC 模式的开发方法
- 在 MVC 中运用 Servlet 进行程序控制
- 学会在用户登录中使用验证码
- 学会在登录和注册中使用 DES 加密
- 能够对 Web 系统进行静态及动态的部署

任务一　实现基于 MVC 模式的系统

➕ 任务描述

在电子购物系统中，可以用分层管理的开发方式实现用户登录。该任务的具体要求如下。
- 使用 MVC 设计模式实现 Web 系统的登录功能。
- 实现电子购物系统登录功能中视图（View）的创建。
- 实现电子购物系统登录功能中控制器（Controller）的创建。
- 实现电子购物系统登录功能中模型（Model）的创建。

➕ 任务解析

（1）MVC 是一种模式，包括模型、视图、控制器 3 种模块。将原有注册功能用这 3 种模块表示即可。

（2）由 JSP 完成视图（View）的创建。

（3）由 JSP 完成控制器（Controller）的创建。

（4）由 JSP 完成模型（Model）的创建。

➕ 知识引入

1．实现基于 MVC 模式的应用程序

前面已经学习了 JSP 和 Servlet 技术，使用它们可以开发出完整的 Web 项目。通过对 Servlet 技术的学习，大家已经了解 JSP 技术是在 Servlet 技术的基础上形成的，它的主要任务是简化页面的开发。在编写程序的时候，如果把大量的 Java 代码写在了 JSP 页面中，进行程序控制和业务逻辑的操作，这违背了 JSP 技术的初衷，为程序员和美工带来了很大困扰，为了解决这个问题，在进行项目设计时采用 MVC 设计模式。

（1）什么是设计模式。

设计模式是一套被反复使用、成功的代码设计经验的总结。模式必须是典型问题（不是个别问题）的解决方案。设计模式为某一类问题提供了解决方案，同时设计模式优化了代码，使代码更容易让别人理解，提高重用性、可靠性。

（2）MVC 设计模式的定义。

MVC 是一种流行的软件设计模式，它把系统分为 3 个模块。
- 视图（View）：对应的组件是 JSP 文件或 HTML 文件。
- 控制器（Controller）：对应的组件是 Servlet。
- 模型（Model）：对应的组件是 JavaBean（Java 类）。

视图（View）提供可交互的客户界面，向客户显示模型数据。控制器（Controller）响应客户的请求，根据客户的请求来操作模型，并把模型的响应结果经由视图展现给客户。模型（Model）可以分为业务模型和数据模型，它们代表应用程序的业务逻辑和状态。

（3）MVC 设计模式的优势。

采用 MVC 设计模式具有以下优势。

- 各司其职，互不干涉

在 MVC 模式中，3 个层各司其职，所以如果哪一层的需求发生了变化，就只需要更改相应层中的代码即可，而不会影响到其他层。

- 有利于开发中的分工

在 MVC 模式中，由于按层把系统分开，那么就能更好地实现开发中的分工。网页设计人员可以开发 JSP 页面，对业务熟悉的开发人员可以开发模型中相关业务处理的方法，而其他开发人员可开发控制器，以进行程序控制。

- 有利于组件的重用

分层后更有利于组件的重用，如控制层可独立成一个通用的组件，视图层也可做成通用的操作界面。MVC 最重要的特点就是把显示与数据分离，这样就增加了各个模块的可重用性。

采用 MVC 模式开发程序时，应注意各个组件的分工与协作，在视图（View）中，不要进行业务逻辑和程序控制的操作，视图只是显示动态内容，不做其他操作。模型与控制器也一样，它们有各自的"工作内容"，各尽其职。

当客户端发送请求时，服务器端 Servlet 接收请求数据，并根据数据调用模型中相应的方法访问数据库，然后把执行结果返回给 Servlet，Servlet 根据结果转向不同的 JSP 或 HTML 页面，以响应客户端请求。

2．视图的创建

视图（View）代表用户交互界面，对于 Web 应用来说，可以概括为 HTML 界面，但是可能为 XHTML、XML 和 Applet。由于应用的复杂性和规模性，界面的处理也变得具有挑战性。一个应用可能有很多不同的视图，MVC 设计模式对于视图的处理仅限于视图上对数据的采集和处理，以及用户的请求，而不包括在视图上业务流程的处理。业务流程的处理交给模型（Model）处理。例如，一个订单的视图只接收来自模型的数据并显示给用户，并将用户界面的输入数据和请求传递给控制和模型。

在 J2EE 应用程序中，视图（View）可能由 Java Server Page（JSP）承担。生成视图的代码则可能是一个 Servlet 的一部分，特别是在客户端、服务器端交互的时候。

3．控制器的创建

控制器（Controller）的作用可以理解为从用户接受请求，将模型与视图匹配在一起，共同完成用户的请求。划分控制层的作用也很明显，它清楚地告诉你，它就是一个分发器，选择什么样的模型，选择什么样的视图，可以完成什么样的用户请求。控制层并不做任何的数据处理。例如，用户单击一个链接，控制层接受请求后，并不处理业务信息，它只把用户的信息传递给模型，告诉模型做什么，选择符合要求的视图返回给用户。因此，一个模型可能对应多个视图，一个视图可能对应多个模型。

模型、视图与控制器的分离，使得一个模型可以具有多个显示视图。如果用户通过某个视图的控制器改变了模型的数据，所有其他依赖于这些数据的视图都应反映这些变化。因此，无论何时发生了何种数据变化，控制器都会将变化通知所有的视图，导致显示的更新，这实际上是一种模型的变化——传播机制。

在 J2EE 应用中，控制器可能是一个 Servlet，现在一般用 Struts 实现。

4．模型的创建

模型（Model）就是业务流程/状态的处理以及业务规则的制定。业务流程的处理过程对其他层来说是黑箱操作,模型接收视图请求的数据,并返回最终的处理结果。业务模型的设计可以说是 MVC 最主要的核心。目前流行的 EJB 模型就是一个典型的应用例子,它从应用技术实现的角度对模型做了进一步的划分,以便充分利用现有的组件,但它不能作为应用设计模型的框架。它仅仅告诉开发者按这种模型设计就可以利用某些技术组件,从而减少了技术上的困难。对开发者而言,就可以专注于业务模型的设计。MVC 设计模式告诉我们,把应用的模型按一定的规则抽取出来,抽取的层次很重要,这也是判断开发人员是否优秀的设计依据。抽象与具体不能隔得太远,也不能太近。MVC 并没有提供模型的设计方法,而只告诉开发者应该组织管理这些模型,以便模型的重构和提高重用性。我们可以用对象编程来做比喻,MVC 定义了一个顶级类,告诉它的子类你只能做这些,这点对编程的开发人员来说非常重要。

业务模型还有一个很重要的模型那就是数据模型。数据模型主要指实体对象的数据保存(持续化)。例如将一张订单保存到数据库,从数据库获取订单。我们可以将这个模型单独列出,所有有关数据库的操作只限制在该模型中。

任务实施

步骤一:实现基于 MVC 模式的应用程序

登录功能是大家比较熟悉的,前面已经通过 JSP 形式实现,下面我们通过 MVC 模式实现登录功能,主要完成视图(View)功能的页面程序、模型(Model)功能的业务逻辑程序与控制器(Controller)功能的 Servlet 程序。

(1)启动 Eclipse,打开原有项目 netShop。

(2)新建"chap07"文件夹,在该文件夹下新建视图(View)功能页面程序 register.html,代码如下:

```jsp
<%@ page language="java" import="java.util.*" pageEncoding="UTF-8"%>
<%
String path = request.getContextPath();
String basePath = request.getScheme()+"://"+request.getServerName()+":"+request.getServerPort()+path+"/";
%>
<!DOCTYPE HTML PUBLIC "-//W3C//DTD HTML 4.01 Transitional//EN">
<html>
  <head>
    <base href="<%=basePath%>">
    <title>网上商城</title>
     <script type="text/javascript"></script>
     <meta http-equiv="pragma" content="no-cache">
     <meta http-equiv="cache-control" content="no-cache">
     <meta http-equiv="expires" content="0">
     <meta http-equiv="keywords" content="keyword1,keyword2,keyword3">
     <meta http-equiv="description" content="This is my page">
     <!--
     <link rel="stylesheet" type="text/css" href="styles.css">
     -->
  </head>
  <body>
    <center>
```

```html
        <h1>用户注册</h1>
        <table>
            <tr>
                <td>通行证:</td>
                <td><input type="text" name="id" value="" /></td>
            </tr>
            <tr>
                <td>姓名:</td>
                <td><input type="text" name="name" value="" /></td>
            </tr>
            <tr>
                <td>性别:</td>
                <td><input type="text" name="sex" value="" /></td>
            </tr>
            <tr>
                <td>年龄:</td>
                <td><input type="text" name="age" value="" /></td>
            </tr>
            <tr>
                <td><input type="submit" value="提交" /></td>
                <td><input type="reset" value="重置" /></td>
            </tr>
        </table>
    </center>
  </body>
</html>
```

(3) 编写控制器（Controller）功能的 Servlet 程序 register.java，代码如下。

```java
package com.netShop.servlet;
import java.io.IOException;
import javax.servlet.ServletException;
import javax.servlet.http.HttpServlet;
import javax.servlet.http.HttpServletRequest;
import javax.servlet.http.HttpServletResponse;
import javax.servlet.http.HttpSession;
import com.netShop.biz.UserBiz;
import com.netShop.entity.User;
public class Register extends HttpServlet {
    public void doGet(HttpServletRequest request, HttpServletResponse response)
            throws ServletException, IOException {
        doPost(request,response);
    }
    public void doPost(HttpServletRequest request, HttpServletResponse response)
            throws ServletException, IOException {
        request.setCharacterEncoding("UTF-8");
        User user = new User();
        HttpSession session = request.getSession();
        String sid = request.getParameter("id");
        int id = Integer.parseInt(sid);
        String name = request.getParameter("name");
        String sex = request.getParameter("sex");
        int age = Integer.parseInt(request.getParameter("age"));
```

```
            user.setId(id);
            user.setName(name);
            user.setSex(sex);
            user.setAge(age);
            UserBiz ub = new UserBiz();
            ub.addUser(user);
            response.sendRedirect("successful.jsp");
        }
    }
```

（4）编写模型（Model）功能的业务逻辑程序。

```
package com.netShop.dao;
import java.sql.Connection;
import java.sql.DriverManager;
import java.sql.Statement;
import com.netShop.entity.User;
public class UserDao {
    public void save(User user){
        System.out.println("进入dao");
        try{
            System.out.println("111");
            Class.forName("oracle.jdbc.driver.OracleDriver");
            System.out.println("222");
            Connection   conn  =  DriverManager.getConnection("jdbc:oracle:thin:@localhost:1521:orcl", "scott", "tiger");
            System.out.println("打开数据库连接");
            Statement stmt = conn.createStatement();
            String   sql  =   "insert  into  users   (id,name,sex,age)   values ("+user.getId()+",'"+user.getName()+"','"+user.getSex()+"',"+user.getAge()+")";
            System.out.println(sql);
            stmt.execute(sql);
            stmt.close();
            conn.close();
        }catch(Exception ex){
            ex.printStackTrace();
        }
    }
}
```

步骤二：视图的创建

为了实现登录功能，我们需要创建一个提供给用户输入个人信息的页面。为此我们需编写用于实现视图（View）功能的用户登录页面 login.jsp 文件，代码如下。

```
<%@ page language="java" import="java.util.*" pageEncoding="UTF-8"%>
<%
String path = request.getContextPath();
String basePath = request.getScheme()+"://"+request.getServerName()+":"+request.getServerPort()+path+"/";
%>
<!DOCTYPE HTML PUBLIC "-//W3C//DTD HTML 4.01 Transitional//EN">
<html>
  <head>
    <base href="<%=basePath%>">
        <title>网上商城用户登录</title>
    <meta http-equiv="pragma" content="no-cache">
```

```html
    <meta http-equiv="cache-control" content="no-cache">
    <meta http-equiv="expires" content="0">
    <meta http-equiv="keywords" content="keyword1,keyword2,keyword3">
    <meta http-equiv="description" content="This is my page">
    <!--
    <link rel="stylesheet" type="text/css" href="styles.css">
    -->
  </head>
  <body>
  <center>
    <h1>用户登录</h1>
    <form action="login" method="post">
    <table>
        <tr>
            <td>通行证:</td>
            <td><input type="text" name="id" value="" /></td>
        </tr>
        <tr>
            <td>姓名:</td>
            <td><input type="text" name="name" value="" /></td>
        </tr>
        <tr>
            <td><input type="submit" value="提交" /></td>
            <td><input type="reset" name="id" value="重置" /></td>
        </tr>
    </table>
    </form>
  </center>
  </body>
</html>
```

步骤三：控制器的创建

用户在个人信息输入页面 login.jsp 输入信息后，提交给控制器处理。接下来，我们编写用于实现控制器功能的 Servlet 程序文件 Login.java，代码如下。

```java
package com.netShop.servlet;
import java.io.IOException;
import javax.servlet.ServletException;
import javax.servlet.http.HttpServlet;
import javax.servlet.http.HttpServletRequest;
import javax.servlet.http.HttpServletResponse;
import com.netShop.biz.UserBiz;
import com.netShop.entity.User;
public class Login extends HttpServlet {
    public void doGet(HttpServletRequest request, HttpServletResponse response)
throws ServletException, IOException {
        doPost(request,response);
    }
    public void doPost(HttpServletRequest request, HttpServletResponse response)
            throws ServletException, IOException {
        User user = new User();
        int id = Integer.parseInt(request.getParameter("id"));
        String name = request.getParameter("name");
```

```
            user.setId(id);
            user.setName(name);
            UserBiz ub = new UserBiz();
            boolean flag = ub.login(user);
            if(flag){
                response.sendRedirect("index.jsp");
            }else{
                response.sendRedirect("error.jsp");
            }
        }
    }
```

步骤四：模型的创建

在 J2EE 应用程序中，模型则是由一个实体 Bean 来实现的。

下面我们编写用于实现模型（Model）功能的登录业务文件 Login.java，并调用 findUser() 方法，代码如下。

```
package com.netShop.dao;
import java.sql.Connection;
import java.sql.DriverManager;
import java.sql.ResultSet;
import java.sql.Statement;
import com.netShop.entity.User;
public class UserDao {
    public void save(User user){
        System.out.println("进入dao");
        try{
            System.out.println("111");
            Class.forName("oracle.jdbc.driver.OracleDriver");
            System.out.println("222");
            Connection conn = DriverManager.getConnection("jdbc:oracle:thin:@localhost:1521:orcl", "scott", "tiger");
            System.out.println("打开数据库连接");
            Statement stmt = conn.createStatement();
            String sql = "insert into users (id,name,sex,age) values ("+user.getId()+",'"+user.getName()+"','"+user.getSex()+"',"+user.getAge()+")";
            System.out.println(sql);
            stmt.execute(sql);
            stmt.close();
            conn.close();
        }catch(Exception ex){
            ex.printStackTrace();
        }
    }
    public boolean findUser(User user){
        boolean flag = false;
        try{
            Class.forName("oracle.jdbc.driver.OracleDriver");
            Connection conn = DriverManager.getConnection("jdbc:oracle:thin:@localhost:1521:orcl", "scott", "tiger");
            Statement stmt = conn.createStatement();
            String sql = "select * from users where id = "+user.getId()+" and name = '"+user.getName()+"'";
            ResultSet rs = null;
```

```
            rs = stmt.executeQuery(sql);
            if(rs.next()){
                flag = true;
            }
            stmt.close();
            conn.close();
        }catch(Exception ex){
            ex.printStackTrace();
        }
        return flag;
    }
}
```

任务二 部署电子购物系统

任务描述

在电子购物系统中，使用验证码实现用户登录，用加密技术实现用户注册和登录，并部署电子购物系统。本任务的具体要求如下。

- 在登录界面实现验证码验证。
- 在登录和注册中实现加密技术。
- 实现静态部署电子购物系统。
- 实现动态部署电子购物系统。

任务解析

（1）分析多种验证码的特点，在此登录界面中增加一个数字验证码的安全验证技术。
（2）在登录和注册中使用 DES 加密技术增强系统的安全性。
（3）在服务器启动之前部署好系统。
（4）在服务器启动之后部署好系统。

知识引入

1．使用验证码实现用户登录的安全验证

随着 Internet 的发展和普及，人们通过网络可以方便地获取到各种各样的信息和资源，这些信息和资源由分布在 Internet 中的各种 Web 服务器提供。Web 服务器在提供大量资源的同时也经常会碰到客户端的恶意攻击，面对这些恶意攻击，如果服务器本身不能有效验证并拒绝这些非法操作或防范这些恶意的攻击，就会严重耗费系统资源，降低网站的性能甚至使程序崩溃。

（1）验证码原理。

现在流行的判断访问 Web 程序是合法用户还是恶意操作用户的方法是采用"验证码"技术。"验证码"就是将一串随机的数字或符号生成一幅图片，图片里加上一些干扰像素（防止 OCR），由用户肉眼识别其中的验证码信息，输入表单提交网站验证，验证成功后才能使用某项功能。这样可以防止通过程序进行自动批量注册，对特定的注册用户用特定程序暴力破解方式进行不断的登录、灌水。因为验证码是一个数字或符号混合的图片，人看起来都很费劲，机器识别就更加困难了。例如，百度贴吧未登录发帖要输入验证码，就是为了防止大规模匿名回帖的发生。

（2）验证码种类。

随着人们对网络安全的日益重视，验证码技术的发展越来越迅速。通常情况下，验证码有以下几种验证方式。

① 4位数字验证码。这种验证方式通常是一组随机的数字字符串，4位数字验证码是最原始的验证码，验证原理比较简单，验证作用不是很大，对黑客的安全防范作用也不是很强。

② GIF 格式验证码。这种验证方式是目前常用的随机数字图片验证码。图片上的字符主要是由文字和数字组成的。字体没有太多变化，验证作用比4位数字验证码好一些。CDSN网站用户登录就使用 GIF 格式的验证码。

③ PNG 格式验证码。这种验证方式的验证码图片由随机数字与随机大写字母组成。整个结构有点张扬，每刷新一次，每个字符还会变位置。有时候刷新出的图片，人眼很难识别，使用 PNG 格式验证码比用 GIF 格式验证码更安全，QQ 网站登录时就是 PNG 格式的验证码。

④ BMP 格式验证码。这种验证方式由随机数字、随机大写字母和随机干扰像素组成，BMP 格式验证码能够变换不同的随机位置，有时候还可以变换随机的字体。

⑤ JPG 格式验证码。这种验证方式的验证码由随机英文字母、随机颜色、随机位置和随机长度组成。Google 的 Gmail 注册时使用的就是 JPG 格式验证码。

本任务中采用4位数字验证码的验证方式实现对用户登录的验证。

2. 在登录和注册中使用 DES 加密

DES 算法为密码体制中的对称密码体制，又称为美国数据加密标准，是 1972 年美国 IBM 公司研制的对称密码体制加密算法。明文按 64 位进行分组，密钥长 64 位，密钥事实上是 56 位参与 DES 运算（第 8、16、24、32、40、48、56、64 位是校验位，使得每个密钥都有奇数个，分组后的明文组和 56 位的密钥按位替代或交换的方法形成密文组的加密方法。

DES 算法具有极高安全性，到目前为止，除了用穷举搜索法对 DES 算法进行攻击外，还没有发现更有效的办法。而 56 位长的密钥的穷举空间为 256，这意味着如果一台计算机的速度是每一秒检测一百万个密钥，则它搜索完全部密钥就需要将近 2285 年的时间，可见，这是难以实现的。然而，这并不意味着 DES 是不可破解的。而实际上，随着硬件技术和 Internet 的发展，其破解的可能性越来越大，而且，所需要的时间越来越少。

3. 静态部署 Web 应用

静态部署是指在服务器启动之前部署好，只有当服务器启动之后，所部署的 Web 应用程序才能被访问。

4. 动态部署 Web 应用

动态部署是指可以在服务器启动之后部署 Web 应用程序，而不用重新启动服务器。动态部署要用到服务器提供的 manager.war 文件，如果在$CATALINA_HOME\webapps\下没有该文件，则务必重新下载 Tomcat，否则不能完成动态部署的功能。

任务实施

步骤一：使用验证码实现用户登录的安全验证

（1）编写使用验证码实现用户登录的 JSP 文件 login.jsp，代码如下。

```jsp
<%@ page contentType="text/html; charset=gb2312"%>
<%
String path = request.getContextPath();
String basePath = request.getScheme()+"://"+request.getServerName()+":"+request.getServerPort()+path+"/";
%>

<!DOCTYPE HTML PUBLIC "-//W3C//DTD HTML 4.01 Transitional//EN">
<html>
  <head>
    <base href="<%=basePath%>">

    <title>网上商城系统登录</title>

    <meta http-equiv="pragma" content="no-cache">
    <meta http-equiv="cache-control" content="no-cache">
    <meta http-equiv="expires" content="0">
    <meta http-equiv="keywords" content="keyword1,keyword2,keyword3">
    <meta http-equiv="description" content="This is my page">
    <!--
    <link rel="stylesheet" type="text/css" href="styles.css">
    -->
    <script type="text/javascript">
    <!--
        function check_damin(form){
            if(form.user.value==""){
                alert("请输入会员名！");
                form.user.focus();
                return false;
            }
            if(form.pass.value==""){
                alert("请输入用户名！");
                form.pass.focus();
                return false;
            }
            if(form.verify.value==""){
                alert("请输入用户名！");
                form.verify.focus();
                return false;
            }
        }
    -->
    </script>
  </head>
```

```html
<body>
 <center>
    <form action="verify.jsp" method="post" onSubmit="return check_admin(this);">
        <table width="400" border="1" bordercolor="#88bbee" cellpadding="0" cellspacing="0"
        style="border-collapse: collapse;">
            <tr>
                <td height="50" colspan="2" align="center"><font color="blue"><br>
网上书店系统登录</font>
                </td>
            </tr>
            <tr>
                <td height="50" align="right">会员名: </td>
                <td width="200" align="left" valign="middle"> <input type="text"name="user"
                size="20"/></td>
            </tr>
            <tr>
                <td height="50" align="right">密  码: </td>
                <td width="200" align="left" valign="middle"> <input type="password" name="pass"
                size="20"/></td>
            </tr>
            <tr>
                <td height="50" align="right">系统验证码: </td>
                <td> <img border=0 src="verifyCode.jsp"/></td>
            </tr>
            <tr>
                <td height="50" align="right">输入验证码: </td>
                <td> <input type="text" name="verify" maxlength="4" value=""/></td>
            </tr>
            <tr>
                <td height="50" colspan="2" align="center"><input type="submit" value="确定"/>
                 <input type="reset" value="重置"/></td>
            </tr>
        </table>
    </form>
 </center>
</body>
</html>
```

（2）编写生成验证码程序的 JSP 文件 verifyCode.jsp，代码如下。

```
<%@   page contentType="image/jpeg"
    import="java.awt.*,java.awt.image.*,java.util.*,javax.imageio.*"%>

<%!
    Color getRandColor(int fc, int bc) {
```

```
        Random random = new Random();
        if (fc > 255)
            fc = 255;
        if (bc > 255)
            bc = 255;
        int r = fc + random.nextInt(bc - fc);
        int g = fc + random.nextInt(bc - fc);
        int b = fc + random.nextInt(bc - fc);
        return new Color(r, g, b);
    }
%>
<%
    response.setHeader("Pragma", "No-cache");
    response.setHeader("Cache-Control", "no-cache");
    response.setDateHeader("Expires", 0);
    int width = 60, height = 20;
    BufferedImage image = new BufferedImage(width, height,
            BufferedImage.TYPE_INT_RGB);
    Graphics g = image.getGraphics();
    Random random = new Random();
    g.setColor(getRandColor(200, 250));
    g.fillRect(0, 0, width, height);
    g.setFont(new Font("Times New Roman", Font.PLAIN, 18));
    g.setColor(getRandColor(160, 200));
    for (int i = 0; i < 155; i++) {
        int x = random.nextInt(width);
        int y = random.nextInt(height);
        int xl = random.nextInt(10);
        int yl = random.nextInt(10);
        g.drawLine(x, y, x + xl, y + yl);
    }
    char c[] = new char[62];
    for (int i = 97, j = 0; i < 123; i++, j++) {
        c[j] = (char) i;
    }
    for (int o = 65, p = 26; o < 91; o++, p++) {
        c[p] = (char) o;
    }
    for (int m = 48, n = 52; m < 58; m++, n++) {
        c[n] = (char) m;
    }
    String sRand = "";
    for (int i = 0; i < 4; i++) {
        int x = random.nextInt(62);
        String rand = String.valueOf(c[x]);
        sRand += rand;
        g.setColor(new Color(20 + random.nextInt(110), 20 + random
            .nextInt(110), 20 + random.nextInt(110)));
        g.drawString(rand, 13 * i + 6, 16);
```

```
    }
    session.setAttribute("rand", sRand);
    System.out.println(sRand);
    g.dispose();
    ImageIO.setUseCache(true);
    ImageIO.write(image, "JPEG", response.getOutputStream());
```

(3)编写验证用户名、密码和验证码的 JSP 文件 verify.jsp,代码如下。

```jsp
<%@ page language="java" import="java.sql.*" contentType="text/html; charset=gb2312"
 errorPage=""%>
<%
String path = request.getContextPath();
String basePath = request.getScheme()+"://"+request.getServerName()+":"+request.getServerPort()+path+"/";
%>
<!DOCTYPE HTML PUBLIC "-//W3C//DTD HTML 4.01 Transitional//EN">
<html>
  <head>
    <base href="<%=basePath%>">
    <title>登录验证页面</title>
    <meta http-equiv="pragma" content="no-cache">
    <meta http-equiv="cache-control" content="no-cache">
    <meta http-equiv="expires" content="0">
    <meta http-equiv="keywords" content="keyword1,keyword2,keyword3">
    <meta http-equiv="description" content="This is my page">
    <!--
    <link rel="stylesheet" type="text/css" href="styles.css">
    -->
  </head>
  <body>
    <%
    String rand=(String)session.getAttribute("rand");
    String input=(String)request.getParameter("verify");
    String strUser=(String)request.getParameter("user");
    String strPass=(String)request.getParameter("pass");
    if(strUser.equals("admin")&&strPass.equals("password"))
        out.println("<h3>用户名和密码正确</h3>");
    else
        out.println("<h3>用户名或密码不正确</h3>");
    if(rand.equalsIgnoreCase(input))
        out.println("<h3>验证码正确</h3>");
    else
        out.println("<h3>验证码不正确</h3>");
    %>
  </body>
</html>
```

(4)启动 Tomcat 服务器后,在 IE 地址栏中输入"http//localhost:8080/BookShop/Chap08/login.jsp",Login.jsp 页面运行效果如图 4-1 所示。用户在填写完用户名、用户密码、验证码后,可以通过单击"确定"按钮登录系统,然后由 verify.jsp 负责登录处理。用户也可以单击"重置"按钮,清空所填写的内容。

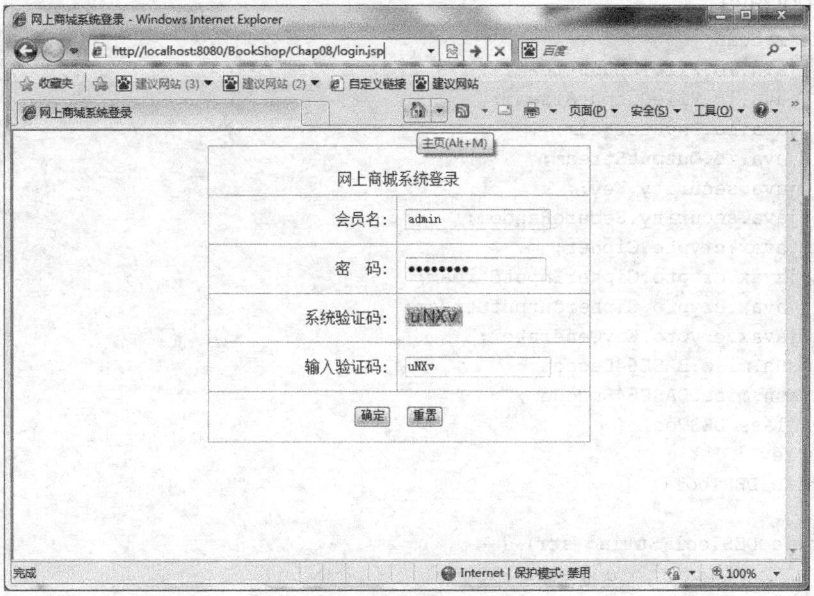

图 4-1 管理员登录页面

如果用户输入的用户名和密码与所指定的一致,则显示"用户名和密码正确"信息;如果用户输入的验证码与 verifycode.jsp 页面生成的验证码一致,则显示"验证码正确"信息,如图 4-2 所示。

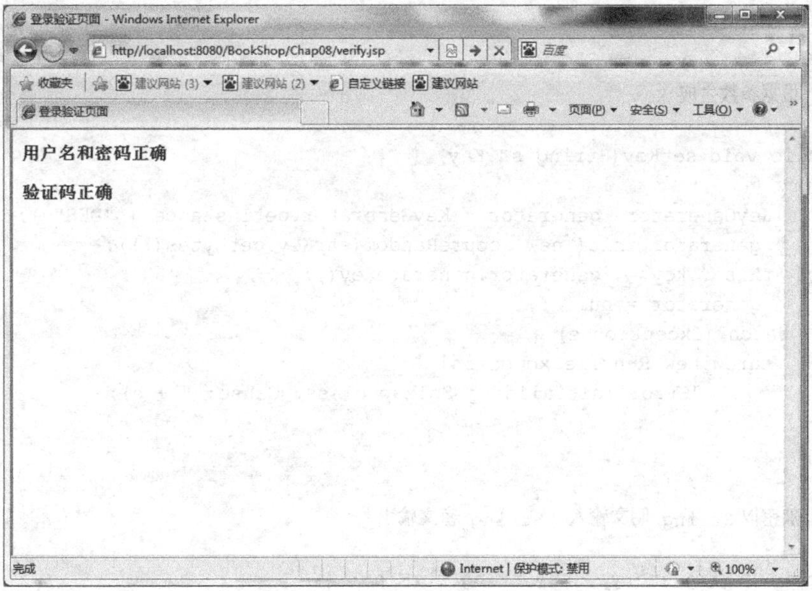

图 4-2 登录验证页面

步骤二:在登录和注册中使用 DES 加密
编写进行 DES 加密功能的 JavaBean。

网上关于 DES 算法的例子很多，可以到网上自行下载。这里介绍一种 DES 加密函数的例子 DESTool.java。

```java
package mybean;
import java.io.FileInputStream;
import java.io.FileOutputStream;
import java.io.InputStream;
import java.io.OutputStream;
import java.security.Key;
import java.security.SecureRandom;
import javax.crypto.Cipher;
import javax.crypto.CipherInputStream;
import javax.crypto.CipherOutputStream;
import javax.crypto.KeyGenerator;
import sun.misc.BASE64Decoder;
import sun.misc.BASE64Encoder;
public class DESTool {
   Key key ;
   public DESTool() {
   }
   public DESTool(String str) {
      setKey(str); // 生成密钥
   }
   public Key getKey() {
      return key ;
   }
   public void setKey(Key key) {
      this . key = key;
   }

   /**
    * 根据参数生成 Key
    */
   public void setKey(String strKey) {
     try {
        KeyGenerator _generator = KeyGenerator.getInstance ( "DES" );
        _generator.init( new SecureRandom(strKey.getBytes()));
        this . key = _generator.generateKey();
        _generator = null ;
     } catch (Exception e) {
        throw new RuntimeException(
              "Error initializing SqlMap class. Cause: " + e);
     }
   }
   /**
    * 加密以 String 明文输入 ,String 密文输出
    */
   public String encryptStr(String strMing) {
     byte [] byteMi = null ;
     byte [] byteMing = null ;
     String strMi = "" ;
     BASE64Encoder base64en = new BASE64Encoder();
     try {
```

```java
            byteMing = strMing.getBytes( "UTF8" );
            byteMi = this.encryptByte(byteMing);
            strMi = base64en.encode(byteMi);
        } catch (Exception e) {
            throw new RuntimeException(
                    "Error initializing SqlMap class. Cause: " + e);
        } finally {
            base64en = null ;
            byteMing = null ;
            byteMi = null ;
        }
        return strMi;
    }
    /**
     * 解密以 String 密文输入 ,String 明文输出
     *
     * @param strMi
     * @return
     */
    public String decryptStr(String strMi) {
        BASE64Decoder base64De = new BASE64Decoder();
        byte [] byteMing = null ;
        byte [] byteMi = null ;
        String strMing = "" ;
        try {
            byteMi = base64De.decodeBuffer(strMi);
            byteMing = this .decryptByte(byteMi);
            strMing = new String(byteMing, "UTF8" );
        } catch (Exception e) {
            throw new RuntimeException(
                    "Error initializing SqlMap class. Cause: " + e);
        } finally {
            base64De = null ;
            byteMing = null ;
            byteMi = null ;
        }
        return strMing;
    }
    /**
     * 加密以 byte[] 明文输入 ,byte[] 密文输出
     *
     * @param byteS
     * @return
     */
    private byte [] encryptByte( byte [] byteS) {
        byte [] byteFina = null ;
        Cipher cipher;
        try {
            cipher = Cipher.getInstance ( "DES" );
            cipher.init(Cipher. ENCRYPT_MODE , key );
            byteFina = cipher.doFinal(byteS);
        } catch (Exception e) {
            throw new RuntimeException(
```

```java
            "Error initializing SqlMap class. Cause: " + e);
    } finally {
        cipher = null ;
    }
    return byteFina;
}
/**
 * 解密以 byte[] 密文输入 , 以 byte[] 明文输出
 *
 * @param byteD
 * @return
 */
private byte [] decryptByte( byte [] byteD) {
    Cipher cipher;
    byte [] byteFina = null ;
    try {
        cipher = Cipher.getInstance ( "DES" );
        cipher.init(Cipher. DECRYPT_MODE , key );
        byteFina = cipher.doFinal(byteD);
    } catch (Exception e) {
        throw new RuntimeException(
            "Error initializing SqlMap class. Cause: " + e);
    } finally {
        cipher = null ;
    }
    return byteFina;
}
/**
 * 文件 file 进行加密并保存到目标文件 destFile 中
 *
 * @param file
 *            要加密的文件, 如 c:/test/srcFile.txt
 * @param destFile
 *            加密后存放的文件名, 如 c:/ 加密后文件.txt
 */
public void encryptFile(String file, String destFile) throws Exception {
    Cipher cipher = Cipher.getInstance ( "DES" );
    // cipher.init(Cipher.ENCRYPT_MODE, getKey());
    cipher.init(Cipher. ENCRYPT_MODE , this . key );
    InputStream is = new FileInputStream(file);
    OutputStream out = new FileOutputStream(destFile);
    CipherInputStream cis = new CipherInputStream(is, cipher);
    byte [] buffer = new byte [1024];
    int r;
    while ((r = cis.read(buffer)) > 0) {
        out.write(buffer, 0, r);
    }
    cis.close();
    is.close();
    out.close();
}
/**
```

```
     * 文件采用 DES 算法解密文件
     *
     * @param file
     *            已加密的文件,如 C:/加密后文件.txt *
     * @param destFile
     *            解密后存放的文件名,如 C:/ test/解密后文件.txt
     */
    public void decryptFile(String file, String test) throws Exception {
        Cipher cipher = Cipher.getInstance ( "DES" );
        cipher.init(Cipher. DECRYPT_MODE , this . key );
        InputStream is = new FileInputStream(file);
        OutputStream out = new FileOutputStream(test);
        CipherOutputStream cos = new CipherOutputStream(out, cipher);
        byte [] buffer = new byte [1024];
        int r;
        while ((r = is.read(buffer)) >= 0) {
           cos.write(buffer, 0, r);
        }
        cos.close();
        out.close();
        is.close();
    }

    public static void main(String[] args) throws Exception {
        DESTool des = new DESTool( "1234567" );
        // DES 加密文件
        // des.encryptFile("G:/test.doc", "G:/ 加密 test.doc");
        // DES 解密文件
        // des.decryptFile("G:/ 加密 test.doc", "G:/ 解密 test.doc");
        String str1 = " 要加密的字符串 test" ;
        // DES 加密字符串
        String str2 = des.encryptStr(str1);
        // DES 解密字符串
        String deStr = des.decryptStr(str2);
        System. out .println( " 加密前: " + str1);
        System. out .println( " 加密后: " + str2);
        System. out .println( " 解密后: " + deStr);
    }
}
```

将网上下载的 JavaBean 或 DESUtil.java 编译后部署到 Web 程序文件夹中。

使用 DES 加密功能。

用户注册时,将用户密码通过 DES 加密(调用 DES 加密 bean 中的对应方法)保存到数据库中。

用户登录时,将用户登录时输入的密码经过 DES 加密,再与数据库中读取的密码(已经过 DES 加密)进行比较,参考代码如下。

```
<%@page import="java.io.PrintWriter" pageEncoding="utf-8"%>
<%@page import="mybean.DESTool"%>
<%@ page language="java"%>
```

```
<jsp:useBean id="des" scope="request" class="mybean.DESTool"></jsp:useBean>
<%@ page import="java.util.*"%>
<%@ page import="java.sql.*"%>
<%@ page import="java.sql.ResultSet"%>
<html>
  <body>
    <%
    String userid=request.getParameter("UserID");
    String password=request.getParameter("Password");
    DESTool destool=new DESTool();
    String pwddes=destool.decryptStr(password);
    PrintWriter rp=response.getWriter();
    Class.forName("com.mysql.jdbc.Driver");
    Connection con=DriverManager.getConnection("jdbc:mysql://127.0.0.1:3306/scutcs", "root", "root");
    String sql= "select * from t_user where login_name='"+userid+"'and password='"+pwddes+"'";
    Statement state = null;
    ResultSet rs = null;
    rs=state.executeQuery(sql);
    if(rs.next()){
        rp.print("登录成功");
    }else{
        rp.print("登录失败");
    }
    %>
  </body>
</html>
```

也可以在 JSP 程序中表单提交时对敏感信息进行加密后传递到其他页面，保证信息在传递过程中即使被截取，也不容易被破译。

步骤三：静态部署 Web 应用

（1）直接放到 webapps 文件夹下。

Tomcat 的 webapps 文件夹是 Tomcat 默认的应用文件夹，当服务器启动时，就会加载这个文件夹下的所有应用。也可以将 JSP 程序打包成一个 war 包放在该文件夹下，服务器会自动解开这个 war 包，并在这个文件夹下生成一个同名的文件夹。war 包就是一个具有特定格式的 jar 包，它是将一个 Web 程序的所有内容进行压缩得到的。具体如何打包，可以使用许多开发工具的 IDE 环境，如 Eclipse、NetBeans、Ant、JBuilder 等。

（2）用命令方式进行打包。

除了使用各种开发工具的 IDE 环境外，也可以在命令提示符状态（选择"开始"→"运行"命令后，输入"cmd"命令）输入以下命令进行打包。

```
Jar -cvf applicationname.war package.*
```

步骤四：动态部署 Web 应用

（1）C 盘根目录下新建 Web 应用 test（可以将已有的 Web 应用复制）。

（2）进入 Tomcat Manager 界面。

在 IE 浏览器中输入"http://localhjost:8080/"，单击左边的"Tomcat Manager"连接，提示输入用户名和密码（这里为安装时设置的用户名 admin 和密码 admin），如图 4-3 和图 4-4 所示。

项目四 部署 MVC 模式的电子购物系统 135

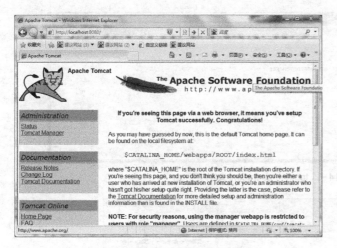

图 4-3 Tomcat 服务器

图 4-4 Tomcat 登录界面

登录成功后，进入"manager"页面，如图 4-5 所示。

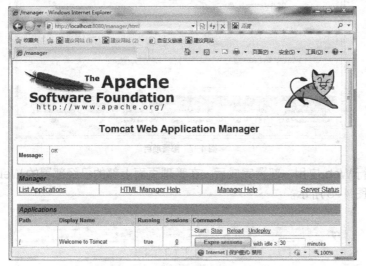

图 4-5 Tomcat 的 manager 页面

如果没有管理员的账号和密码，可以通过编辑 conf\tomcat-users.xml 文件得到，tomcat-users.xml 文件内容如图 4-6 所示。

（3）部署新的 Web 应用。

在管理页面,定位到"Deploy"。在"Context Path"中输入"/store"，在"XML Configuration file URL"中指定一个.xml 文件，如 C：\store.xml，其内容为<Context reloadable="false"/>在"WAR or Directory URL"中输入"C:\store.war"。

单击"Deploy"按钮完成应用程序的部署。如果 Web 应用已经打包成.war 文件，则在图 4-7 所示的部署页面中的"Select WAR file to upload"中单击"浏览"按钮，选择.war 文件，然后再单击"Deploy"按钮完成部署。

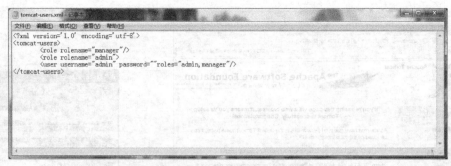

图 4-6 tomcat-users.xml 文件内容

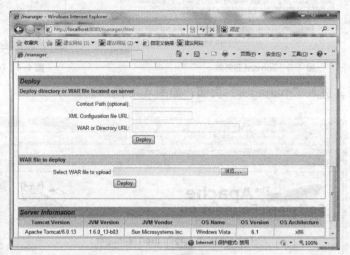

图 4-7 部署项目

查看并运行 Web 应用。部署完成后，在管理页面上部的已经部署的 Web 应用程序中可以查看到，如图 4-8 所示。

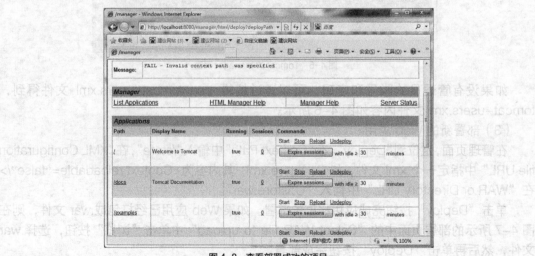

图 4-8 查看部署成功的项目

项目总结

本项目重点介绍基于 Servlet 的 MVC 设计模式，如何使用安全技术增强 Web 应用的安全性，如何配置一个安全的 Tomcat 服务器，以及在项目开发后如何对项目进行部署，其主要内容如下。

- 设计模式是一类问题的解决方案，是一套被反复使用、成功的代码设计经验的总结。
- MVC 设计模式将系统分为模型、视图、控制器 3 个模块。
- 使用验证码技术。
- 使用 DES 加密技术。
- 静态部署项目。
- 动态部署项目。

项目拓展训练

1. 应用 MVC 设计模式，实现电子购物系统的结账功能。

> **提示**
>
> MVC 模式即模型、视图、控制器 3 个部分。

2. 改进电子购物系统的前台登录程序，添加颜色验证码以增强系统安全性。

3. 改进电子购物系统的用户注册系统及用户登录系统程序，注册时对密码进行 MD5 加密，登录时对用户输入的密码进行 MD5 验证。

> **提示**
>
> MD5 是将任意长度的"字符串"变换成一个 128bit 的大整数，并且是一个不可逆的字符串变换算法。

4. 完善电子购物系统的各项功能，对 Tomcat 服务器进行安全配置后，分别使用静态部署和动态部署的方法完成系统部署。

Chapter 5

项目五
短消息系统

开发一个论坛短消息系统，方便用户之间实现信息的沟通，系统可以实现论坛用户之间的短消息发送和接收，阅读信息内容并进行回复。当用户登录后，可以查看其他用户发送给他的信息。所有信息分别以已读标记和未读标记进行区分。当用户对某一条信息进行回复时，回复信息中自动显示用户名称。

本项目为拓展项目，将开发短消息系统，通过在项目中开发用户注册、登录、退出、短消息列表显示、查看和删除短消息、回复和发送短消息等功能，完整训练 JSP 技术。

学习目标

- 会使用集合类存取对象
- 会使用 SQL 创建数据库及表
- 会使用 JDBC 操作数据库
- 能够创建编写 JSP 页面
  - 编写 JSP 指令
  - 编写 JSP 小脚本
  - 编写 JSP 表达式
- 能够使用 JSP 的内置对象实现访问控制
  - 使用 Session 保存用户信息
  - 能够从 Session 中取得用户信息
- 能够使用 Servlet 处理请求
  - 使用 Servlet 处理表单请求
  - 使用 Servlet 处理 URL 请求
- 能够使用 Filter 进行中文处理

任务描述

在论坛短消息系统中,实现论坛用户注册、登录,用户之间的短消息发送和接收,阅读信息内容并进行回复。项目具体要求如下。
- 实现用户的登录和退出功能。
- 实现用户注册功能。
- 实现短消息列表显示功能。
- 实现查看和删除短消息功能。
- 实现回复和发送短消息功能。

任务解析

1. 系统开发步骤

(1)明确需求:用户登录短消息系统,登录成功后自动跳转至信息列表页面,用户可以查看个人短消息、发送短消息、回复短消息、删除短消息,登录失败则跳转至登录页面。

(2)搭建数据库、数据表:根据需求创建数据库,设计并创建数据库表,建立主外键关系。

(3)搭建项目框架。

(4)编码顺序。
① 环境准备。
② 用户登录和退出功能。
③ 用户注册功能。
④ 短消息列表显示功能。
⑤ 查看和删除短消息功能。

(5)测试。

2. 界面交互性设计的原则

统一性原则:界面风格统一,用相同方式展现相同类型的数据,如日期类型。交互风格统一,用相同方式完成相同类型操作。

美观性原则:界面简洁、大方。

易用性原则:操作方式自然,易理解。

3. 技术实现

JavaBean 封装数据和业务处理。

过滤器处理中文乱码问题。

任务实施

步骤一:创建数据库及表

根据需求创建数据库,设计数据库表。用户表(msg_userinfo)和短消息表(msg)的结构如表 5-1、表 5-2 所示。

表 5-1 用户表

序号	字段名	字段说明	类型	位数	属性	备注
1	Username	用户名	Varchar	20	非空	主键
2	Password	密码	Varchar	20	非空	
3	Email	邮箱	Varchar	20	非空	

表 5-2 短消息表

序号	字段名	字段说明	类型	位数	属性	备注
1	Msgid	短消息 ID	Varchar	20	非空	主键
2	Username	短消息发送方	Varchar	20	非空	
3	Title	标题	Varchar	20	非空	
4	Magcontent	消息内容	Varchar		非空	
5	State	消息状态	Int		非空	已读/未读
6	Sendto	短消息接收方	Varchar		非空	
7	Msg_create_date	消息发送时间	Datetime		非空	

步骤二：搭建项目框架

创建项目和创建分别存放实体类、数据访问类、业务类及 Servlet 的包。

使用 JDBC 连接数据库。

```
try {
            Class.forName("com.mysql.jdbc.Driver");
            con =   DriverManager.getConnection("jdbc:mysql://lo
calhost:3306/bbs","root","123456");
        } catch (Exception e) {
            e.printStackTrace();
    }
}
```

步骤三：实现用户的登录和退出功能

登录界面如图 5-1 所示。

图 5-1 登录界面

在 web.xml 中配置过滤器信息。

```xml
<filter>
    <filter-name>EncodeFilter</filter-name>
<filter-class>cn.jbit.demo.web.EncodeFilter</filter-class>
    <init-param>
        <param-name>encode</param-name>
        <param-value>UTF-8</param-value>
    </init-param>
</filter>
<filter-mapping>
    <filter-name>EncodeFilter</filter-name>
    <url-pattern>/*</url-pattern>
</filter-mapping>
```

编写自定义类 EncodeFilter。

```java
public class EncodeFilter implements Filter {
    private String encode = null;
    public void destroy() {
        encode = null;
    }
    // 对所有页面设置字符集
    public void doFilter(ServletRequest request, ServletResponse response,
            FilterChain chain) throws IOException, ServletException {
        if (null == request.getCharacterEncoding()) {
            request.setCharacterEncoding(encode);
        }
        chain.doFilter(request, response);
    }
    public void init(FilterConfig filterConfig) throws ServletException {
        String encode = filterConfig.getInitParameter("encode");
        if (this.encode == null) {
            this.encode = encode;
        }
    }
}
```

编写实体类和数据库操作类。

```java
BaseDao.java 的关键代码如下：
public class BaseDao {
    //更新新据库
    public int executeUpdata(String sql, List<Object> list){
        openConnection();
        try {
            ps = con.prepareStatement(sql);
            if(list == null)
                return ps.executeUpdate();
            int i = 1;
            for(Object obj:list){
                ps.setObject(i, obj);
                i++;
            }
            return ps.executeUpdate();
```

```
        } catch (SQLException e) {
            e.printStackTrace();
        }finally{
            closeResource();
        }
        return 0;
    }
}
```

UserinfoDaoImpl.java 的关键代码如下:

```java
public class UserinfoDaoImpl extends BaseDao implements UserinfoDao {
    //查找用户
    public List<UserInfo> getUsers(Map<String,String> contitions) {
        String username = (String) contitions.get("username");
        String pwd = (String) contitions.get("pwd");
        String operate = (String)contitions.get("operate");
        String sql = "select * from msg_userinfo where 1=1 ";
        if(operate != null && operate.equals("except")){
            sql += username != null ? " and username != '" + username + "'":"";
        }else{
            sql += username != null ? " and username = '" + username + "'":"";
        }
        sql += pwd != null ? " and password = '" + pwd + "'":"";
        openConnection();
        List<UserInfo> users = new ArrayList<UserInfo>();
        try {
            ps = con.prepareStatement(sql);
            rs = ps.executeQuery();
            while(rs.next()){
                UserInfo uf = new UserInfo();
                uf.setUsername(rs.getString("username"));
                uf.setPassword(rs.getString("password"));
                uf.setEmail(rs.getString("email"));
                users.add(uf);
            }
        } catch (SQLException e) {
            e.printStackTrace();
        }finally{
            closeResource();
        }
        return users;
    }
}
```

编写业务类。

```java
private UserinfoDao userinfoDao = new UserinfoDaoImpl();
    //添加或更新用户
    public int doInsertOrUpdateUser(String operate, UserInfo userinfo) {
        return userinfoDao.executeUpdate(operate, userinfo);
    }
    //查找用户
    public List<UserInfo> findUser(Map<String,String> elements) {
        return userinfoDao.getUsers(elements);
    }
```

创建 Servlet。
处理 JSP 的相应请求，调用业务类的相关代码并返回结果。
创建 JSP 页面。
编写短消息系统登录界面。
编写登录和退出 JSP。
步骤四：实现用户注册功能
注册界面如图 5-2 所示。

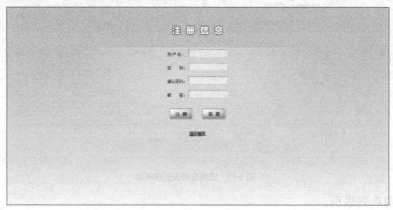

图 5-2 注册界面

编写用户注册界面。
编写代码实现用户注册功能。

```
UserServlet.java 的关键代码如下：
if("regist".equals(action)){//注册
    String username = request.getParameter("username");
    String password = request.getParameter("password");
    String email = request.getParameter("email");
    Map<String,String> conditions = new HashMap<String,String>();
    conditions.put("username", username);
    List <UserInfo>list = userInfoBiz.findUser(conditions);
    if(list.size() > 0){
        request.setAttribute("error", "此用户名已被注册");
        request.getRequestDispatcher("register.jsp").forward(request,response);
    }else{
        UserInfo uf = new UserInfo();
        uf.setUsername(username);
        uf.setPassword(password);
        uf.setEmail(email);
        int isRun = userInfoBiz.doInsertOrUpdateUser("insert", uf);
        if(isRun > 0){
            request.setAttribute("error", "已经成功注册！");
            request.getRequestDispatcher("index.jsp").forward(request,response);

        }
    }
}
```

步骤五：实现短消息列表显示功能

短消息列表显示界面如图 5-3 所示。

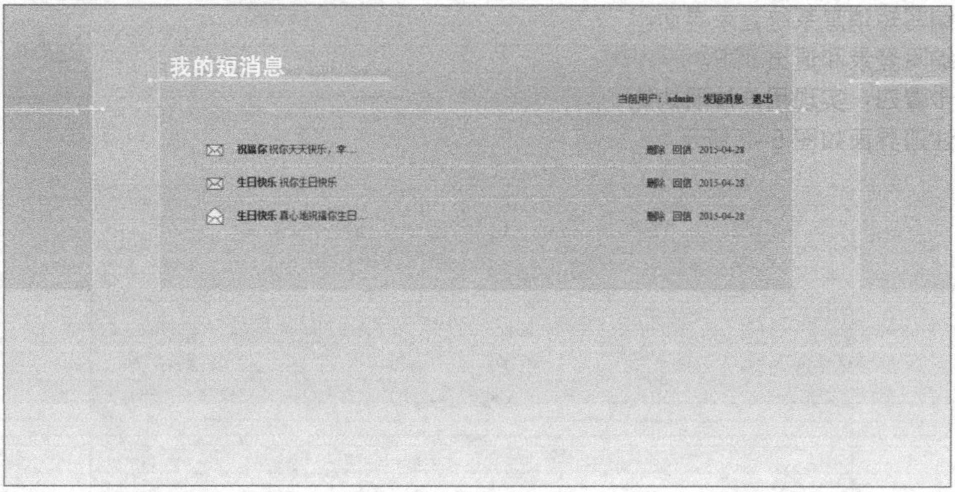

图 5-3　短消息列表显示界面

编写短消息列表页。

所有的短消息以列表的方式显示。

编写代码实现短消息列表显示功能。

```java
BBSMessageDaoImpl.java 的关键代码如下：
    public List<BBSMessage> getMessagesByPage(Map<String,Object> elements) {
        /*
         * 获取查询语句中的条件参数
         */
        Integer msgs_in_one_page = (Integer)elements.get("msgs_in_one_page");
        Integer page_no = (Integer)elements.get("page_no");
        String username = (String)elements.get("username");
        String msgid = (String)elements.get("msgid");
        String title = (String)elements.get("title");
        String msgcontent = (String)elements.get("msgcontent");
        String sendto = (String)elements.get("sendto");
        Integer state = (Integer)elements.get("state");
        Date msg_create_date = (Date)elements.get("msg_create_date");
        SimpleDateFormat sdf = new SimpleDateFormat("yyyy-MM-dd HH:mm");
        /*
         * 拼写 sql
         */
        String sql = null;
        if(page_no == null){
            sql = "select * from msg where 1 = 1 ";
        }else{
            sql = "select * from" +
            "(select msg. *,rownum r from msg where 1=1 and " +
            username + title + msgcontent + sendto + state + msg_create_date +
            " and rownum <= " + msgs_in_one_page*page_no + ") " +
```

```java
            "t where t.r >" + msgs_in_one_page* (page_no - 1);
    }
    /*
     * 编写条件语句
     */
    sql += msgid!=null ? " and msgid='" + msgid + "' ":"";
    sql += username != null?" and username='" + username + "' ":"";
    sql += title!=null ? " and title='" + title + "' ":"";
    sql += msgcontent!=null ? " and msgcontent='" + msgcontent + "' ":"";
    sql += sendto!=null ? " and sendto='" + sendto + "' ":"";
    sql += state!=null ? " and state=" + state + " ":"";
    sql += msg_create_date!=null ? " and msg_create_date='" + sdf.format(msg_create_date) + "' ":"";
    /*
     * 返回结果
     */
    List <BBSMessage>list = null;
    openConnection();
    list = new ArrayList<BBSMessage>();
    try {
        ps = con.prepareStatement(sql);
        rs = ps.executeQuery();
        while(rs.next()){
            BBSMessage bms = new BBSMessage();
            bms.setMsgid(rs.getString("msgid"));
            bms.setTitle(rs.getString("title"));
            bms.setContent(rs.getString("msgcontent"));
            bms.setSendto(rs.getString("sendto"));
            bms.setState(rs.getInt("state"));
            bms.setDatetime(rs.getDate("msg_create_date"));
            bms.setUsername(rs.getString("username"));
            list.add(bms);
        }
    } catch (SQLException e) {
        e.printStackTrace();
    }finally{
        closeResource();
    }
    return list;
}
```

编写 JSP 显示内容。

Main.jsp 的信息内容过长时省略显示的关键代码如下。

```jsp
<div class="content messageList">
    <ul>
    <%
        List<BBSMessage> list = (List<BBSMessage>)request.getAttribute("msgs");
        if(list!=null){
            for(BBSMessage me:list){
                if(me.getState()==0){
    %>
                    <li class="unReaded">
    <%
```

```
                        }else{
        %>
                            <li>
        <%
                        }
        %>
                        <em><%=me.getDatetime()%></em>
                        <em><a
                        href="UserServlet?action=findUsers&sendto=<%=me.getUsername()
                        %>&state=<%=me.getState()%>">回信</a></em>
                        <em><a
                        href="MsgServlet?action=del&msgid=<%=me.getMsgid()%>">删除
                        </a></em>
                        <p>
                            <strong><a
                            href="MsgServlet?action=read&msgid=<%=me.getMsgid() %>&
                            state=<%=me.getState()%>"><%=me.getTitle() %></a></strong>
        <%
                            if(me.getContent().length()>8){
                                String str = me.getContent().substring(0, 8);
        %>
                                <%=str %>....
        <%
                            }else{
        %>
                                <%=me.getContent() %>
        <%
                            }
        %>
                        </p>
        <%
                    }
            }
        %>
                </ul>
</div>
```

步骤六：实现查看和删除短消息功能

查看短消息，界面如图5-4所示。

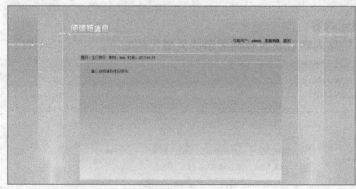

图5-4 查看短消息界面

单击短消息页面中的短消息项,可以查看短消息。
根据 ID 获取短消息。
通过更新数据库表中的字段,标识本条短消息为已读状态。
删除短消息。
删除链接本条消息的短消息。
根据 ID 删除短消息,MsgServlet.java 的关键代码如下。

```java
            public void doPost(HttpServletRequest request, HttpServletResponse response)
                throws ServletException, IOException {
            BBSMessageBiz bmb=new BBSMessageBizImpl();
            String action = request.getParameter("action");
        if(action.equals("del")){//删除短消息
                String msgid = request.getParameter("msgid");
                Map<String,Object> conditions = new HashMap<String,Object>();
                conditions.put("msgid", msgid);
                int isSuccess = bmb.doInsertOrUpdateMsg("delete",new HashMap<String,Object>(),conditions);
                if(isSuccess > 0){
                    request.setAttribute("error", "删除成功! ");
    request.getRequestDispatcher("MsgServlet?action=list").forward(request,response);
                }else{
                    request.setAttribute("error", "删除属于非法操作,请确认当前用户权限! ");
    request.getRequestDispatcher("MsgServlet?action=list").forward(request,response);
                }
            }else if(action.equals("send")){//发送短消息
                Random r = new Random();
                String msgid = String.valueOf(r.nextInt());
                String fromUser = (String)request.getSession().getAttribute("loginuser");
                String toUser = request.getParameter("toUser");
                String title = request.getParameter("title");
                String content = request.getParameter("content");
                String state = "0";
                Timestamp ts = new Timestamp((new Date()).getTime());
                Map <String,Object>map = new HashMap<String,Object>();
                map.put("msgid", msgid);
                map.put("sendto", toUser);
                map.put("title", title);
                map.put("msgcontent",content);
                map.put("state", state);
                map.put("username", fromUser);
                map.put("msg_create_date", ts);
                bmb.doInsertOrUpdateMsg("insert",map,null);
            response.sendRedirect("MsgServlet?action=list");
            }else if(action.equals("list")){//显示当前用户的收件箱
                //省略此处代码
            }else if(action.equals("read")){//读取某条短消息
                //省略此处代码
```

```
            }
        }
```

步骤七：实现回复和发送短消息功能

回复短消息界面如图5-5所示。

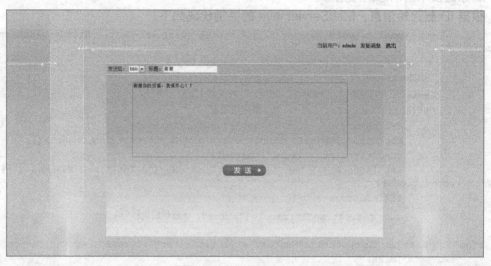

图5-5 回复短消息界面

单击短消息查看页面中你的回复链接，将回复本条短消息，可发送给任意其他用户，默认本条消息的发送人为回复的接收人。

查看其他用户，UserServlet.java 的相关代码如下。

```
        if("findUsers".equals(action)){//查找其他所有的用户
    String username = (String)request.getSession().getAttribute("loginuser");        Map<String,String>contitions = new HashMap<String,String>();
            contitions.put("username", username);
            contitions.put("operate","except");
            List<UserInfo> list = userInfoBiz.findUser(contitions);
            request.setAttribute("users", list);    request.getRequestDispatcher("newMsg.jsp").forward(request,response);
        }
```

发送短消息。

发送的短消息标记为未读状态。具体代码参考回复短消息。

编写JSP显示内容。

NewMsg.java 中用下拉列表设置回复人默认值的关键代码如下。

```
<div class="tmenu">
    <ul class="clearfix">
                            <li>
                                发送给：
                                <select name="toUser">
                                    <%
                                        List<UserInfo> list = (List<UserInfo>)request.getAttribute("users");
    if(list!=null){
```

```
                                        for(UserInfo u:list){
    if(u.getUsername().equals(request.getParameter("sendto"))){
                                        %>
                                                <option selected="
selected"><%=u.getUsername()%></option>
                                        <%
                                                }else{
                                        %>
    <option ><%=u.getUsername()%></option>
                                        <%
                                                }
                                        }
                                        %>
                                    </select>
                                </li>
                                <li> 标 题 ： <input type="text" name="title"
id="title"/></li>
    </ul>
    </div>
    <div class="view">
    <textarea name="content" id="content"></textarea>
    <div class="send"><input type="submit" name="submit" value=" " /></div>
    </div>
```

根据项目完成情况，填写表 5-3。

表 5-3 开发进度记录表

用 例	开发完成时间	测试通过的时间	备 注
用例 1：环境准备			
用例 2：过滤器 Filter 处理中文乱码			
用例 3：实现用户的登录和退出功能			
用例 4：用户注册功能			
用例 5：短消息列表显示			
用例 6：查看和删除短消息			
用例 7：回复和发送短消息			

项目拓展训练

1. 网上书店系统

（1）系统概述。

近年来，电子商务伴随着 IT 的成熟，逐渐发展壮大，成为网络经济的核心。在电子商务的发展过程中，人们逐渐意识到在线购物的无地域界限、安全、方便快捷及其价格优势，在线购物的队伍也随之扩大。网上书店系统就是在这样的背景下应运而生的。

网上书店系统是一个基于 B/S 结构的网站系统。管理员将图书信息整理归类发布到网上，用户登录该网站后，首先要注册成为会员才能购买图书。该系统的使用者主要分为 3 类：浏览者、注册用户和管理员。浏览者可以浏览网上书店中的图书信息；注册用户除了可以浏览网上书店中的图书信息外,还可以进行网上购书;管理员可以对网上书店中的图书信息进行管理、处理客户的订单等。

(2)系统功能。

根据网上书店系统的用户角色,可将系统分为前台和后台,这种分法也是当前网站系统惯用的做法。其中,前台供客户使用,用于展现信息和完成与客户的交互性处理;后台供网站的管理者使用,用于管理网站的内容。详细功能说明如下。

① 前台购书。

● 登录/注册

客户在网上购书之前,需要注册成为会员。注册时系统要求填写个人资料,注册后可以使用注册账号登录系统。会员登录后,可以购书、查看订单和修改个人资料。

● 选购商品

会员在浏览图书信息时可以选择购买,通过选择"购买",可以将要购买的图书放入购物车,购物车是暂存图书的地方,会员可以在购物车中改变订购数量、取消想要购买的图书以及去"收银台"付款。

● 收银台结账

会员在核实购物车中的图书信息确认无误后,可以通过选择"收银台"进行付款,系统在结算前首先核实会员个人信息。核实无误后,要求会员选择付款方式、交货时间以及完成相关详细信息的填写,并确认该信息。如果发现信息有误,可单击"上一步"按钮重新操作,确保信息无误。系统得到会员关于付款方式的确认信息后,即允许消费者进行网上付款。

● 订单查询

会员登录系统后,可以随时查看自己的订单信息。

● 搜索图书

会员登录系统后,可以根据自己的需要进行图书信息的搜索。在搜索时,会员需要选择搜索的方式和填写搜索的图书关键字,搜索到自己关注的图书后,可以选择购买。

● 图书展示

网上书店系统可以根据客户的需要进行图书展示,可以设立"新书上架""畅销排行""特价专柜"等专区以便用户选择图书。

② 后台管理。

● 书籍分类管理

供网站管理员增加、修改、删除网上书店中图书的基本信息。

● 会员管理

管理员可以根据会员的申请或会员的消费情况将相关会员设为 VIP 会员,也可以对会员的基本信息进行管理,也有权对一些过期用户进行删除。

● 订单管理

供网站管理员管理客户提交的订单,客户"已确认"的订单可修改状态为"正在配货","正在配货"的订单可修改状态为"缺货"或"已发货"。

实战训练进程参考表如表 5-4 所示。

表 5-4 实战训练进程参考表

序号	阶段		详细内容
1	需求分析		（1）开发前准备、小组划分及人员分工 （2）需求列表（3）系统用例图
2	系统设计		（1）功能模块设计（2）系统流程设计 （3）数据库设计（4）界面设计
3	前台实现	前台主页	（1）主页框架（2）导航栏（3）版权信息
		会员登录	（1）会员登录（2）登录信息显示
		会员注册	（1）会员注册（2）会员个人资料修改
		图书展示	（1）新书上架（2）畅销排行（3）特价图书
		搜索图书	分类搜索图书
		订单查询	会员可以查询自己的订单信息
		用户购书	（1）购物车的操作（2）提交订单
		前台集成	对整个前台整合，进行联合调试
4	后台实现	管理员登录	（1）管理员登录（2）登录信息显示
		会员管理	（1）会员信息查询（2）会员资料修改 （3）设置 VIP 会员（4）删除过期账户
		图书类别管理	图书分类管理
		图书管理	（1）图书添加入库（2）图书信息修改 （3）图书信息删除（4）图书信息统计
		订单处理	（1）查询订单（2）处理订单
		后台集成	（1）对整个后台管理系统进行联合调试 （2）发布程序
5	项目集成调试		（1）对整个系统进行集成并调试（2）发布程序
6	答辩		（1）学生陈述项目并回答问题（2）教师评分并对实训情况讲评

2. 校园二手交易平台

（1）系统概述。

校园二手交易平台是一个基于 B/S 结构的网站系统，该系统向学校的在校生提供一个二手交易平台，在校生可以将自己不用的一些日用品（学习资料、生活用品等）发布到网上，既可以进行线下交易，也可以借用。这一平台不仅为在校生节省不必要的开支，而且实现资料共享或者旧物多次利用，创建良好的校园学习氛围。

网上二手交易系统向所有学生提供在线注册功能，注册用户可以在线模拟开店，即注册为店长，开店后可以发布二手物品信息，供其他用户在线搜索浏览，并可发出借阅请求或下订单订购，店长收到请求后集中处理借阅或订单信息，并根据借阅或订单信息通过线下联系完成物品交换或买卖活动。因此，该系统不会涉及在线支付处理功能。

（2）系统功能。

该系统主要有 4 类用户：匿名用户、会员、店长、管理员。每类用户具有的功能如下：

- 匿名用户

所有访问该系统的未注册用户均为匿名用户。该类用户主要包括在校生，当然也可以是在校老师。匿名用户可以浏览所有网店和商品信息，但不能发出借阅请求或者在线下订单。
- 会员

会员是注册为系统的普通认证用户，除了拥有匿名用户的功能外，还可以发出借阅请求在线下订单以及查看订单等。
- 店长

所有注册开店的会员用户均为店长。店长除了拥有一般会员的功能外，还可以管理自己的网店信息，如发布商品信息、处理请求和订单等。
- 管理员

管理员负责系统的日常维护工作与系统基本信息的维护工作。该类用户有很高的计算机应用和网络管理能力，大多数为学校计算机网络部门的职工。